数学フリーの 化学結合

齋藤勝裕 —— 著

日刊工業新聞社

はじめに

『数学フリーの化学』シリーズ第二弾の『数学フリーの化学結合』をお届けします。

本シリーズはその標題のとおり『数学フリー』すなわち、数学を用いない、数学が出てこない化学の解説書です。化学は科学の一種です。科学の共通言語は数学です。科学では複雑な現象の解析、その結果の記述を数学、数式を用いて行います。化学も同様です。

しかし、化学には化学独特の解析、表現手段があります。それが化学式です。化学式とそれを解説する文章があれば、数式を用いた解説と同等の内容を表現することができます。本書はこのような化学の特殊性を最大限に生かして、数学なしで化学の全てを解説しようとする画期的な本です。

『化学結合』は現代化学の最先端な分野です。化学はいろいろある科学の中でも、特に昔から研究されてきた分野といってよいでしょう。

化学は医薬品、毒物と切り離せない関係にあります。社会や国家を支配しようと企む野心家が化学に目を向けないはずはありません。また、化学反応は思いもかけない新物質を誕生させます。「鉄や鉛など価値の低い金属を金や銀などに換える」ことができるかもしれません。錬金術は中世ヨーロッパの最先端の科学でした。

しかし錬金術師たちの飽くなき挑戦と、数知れない失敗の歴史から導き出されたのは元素の不変性と、その原子を元にした分子の概念でした。鉄や金などの元素は常に変わることはありません。しかしそれらを含む分子は融通無碍にいかようにも変化するのです。そして、その変化の基本にあるのが化学結合の概念だったのです。

化学結合の概念の誕生は古代ギリシアに遡ることも可能でしょうが、現代的な意味での化学結合が考え出されたのは19世紀であり、まして現代のわれわれが持っているような化学結合の理論体系ができたのは20世紀も初頭を過ぎた頃といってよいでしょう。

20世紀初頭というのは相対性理論が生まれ、量子力学が生まれ、量子化学が誕生した時期です。つまり、化学結合は量子化学を背景にして誕生した概念なのです。化学結合を根本から理解しようとしたら、量子化学、さらには量子力学を理解することが必要です。しかし、量子化学は数学の塊のような理論です。それを理解する

ための時間と、数学的素養を全ての人が備えていることはありえません。

　本書は化学の基礎となる化学結合を理解したいという熱意は人並み以上であるものの、数学を理解するための時間と素養に支障のある方のために書かれた本です。

　それでは本書は底の浅い、ウスッペラな中身だけのつまらない本なのか？といわれれば、それは著者が自信を持って否定します。普通の本が数式と数学で解説し、「式を見ればわかる！」といっているところを、「式を見なくてもわかる！」ように図とグラフと表と解説文で解説しているのです。

　本書を読むのに基礎知識は一切必要ありません。必要なことは全て本書の中に書いてあります。みなさんは本書に導かれるままに読み進んでください。ご自分で気づかないうちにモノスゴイ知識が溜まってくるはずです。そしてきっと「化学結合は面白い」と思われるでしょう。それこそが、著者の望外な喜びです。

　最後に本書の作製に並々ならぬ努力を払って下さった日刊工業新聞社の鈴木徹氏、並びに参考にさせて頂いた書籍の出版社、著者に感謝申し上げます。

　　　　　　　　　　　　　　　　　　　　　　2016年7月　齋藤　勝裕

数学フリーの「化学結合」

目次

はじめに

第1章 量子化学 001

- **1-1** 量子化学とは 002
- **1-2** エネルギーの量子化 004
- **1-3** 空間の量子化 006
- **1-4** ハイゼンベルクの不確定性原理 008
- **1-5** 電子の存在確立 010
- **1-6** シュレディンガー方程式と波動関数 012

第2章 原子構造 015

- **2-1** 原子をつくるもの 016
- **2-2** 原子核を作るもの 018
- **2-3** 原子量、分子量とモル 020
- **2-4** 電子と電子殻 022
- **2-5** 電子殻のエネルギー 024
- **2-6** 電子殻と電子軌道 026
- **2-7** 軌道の形と関数 028

第3章 原子の電子構造 031

- **3-1** 電子配置 032
- **3-2** 電子配置の意味 034
- **3-3** 周期表 036

3-4　イオン化エネルギーと電子親和力　038
3-5　電気陰性度　040

第4章 化学結合の種類　043

4-1　化学結合とは　044
4-2　化学結合のエネルギー　046
4-3　イオン結合　048
4-4　金属結合　050
4-5　金属結合の性質　052
4-6　共有結合の本質　054
4-7　共有結合のイオン性　056

第5章 σ結合とπ結合　059

5-1　σ結合とは　060
5-2　π結合とは　062
5-3　一重結合　064
5-4　二重結合　066
5-5　三重結合　068

第6章 sp^3混成軌道　071

6-1　混成軌道とは　072
6-2　sp^3混成軌道　074
6-3　メタンCH_4の結合　076
6-4　アンモニアNH_3とアンモニウムイオンNH_4^+の結合　078
6-5　配位結合とヒドロニウムイオン　080
6-6　配位結合と分子間結合　082

第7章 sp^2混成軌道と sp 混成軌道　085

7-1　sp^2混成軌道　086
7-2　エチレン$H_2C=CH_2$の結合　088

- **7-3** ブタジエン $H_2C=CH-CH=CH_2$ の結合　090
- **7-4** ベンゼンの結合　092
- **7-5** sp混成軌道　094
- **7-6** $C=O$、$C=N$ 結合　096
- **7-7** 特殊な結合　098

第8章 結合の変化　101

- **8-1** 結合の切断と生成　102
- **8-2** 分子ラジカルの生成と反応　104
- **8-3** イオンの構造と安定性　106
- **8-4** 特殊なイオン　108
- **8-5** σ結合とπ結合の相互変化　110
- **8-6** 環状化合物におけるσ-π相互変化　112

第9章 分子軌道法　115

- **9-1** 分子軌道法とは　116
- **9-2** 結合性軌道と反結合性軌道　118
- **9-3** 電子配置と結合エネルギー　120
- **9-4** 結合エネルギーと結合強度　122
- **9-5** π結合のエネルギー　124
- **9-6** 共役二重結合の安定性　126
- **9-7** 分子軌道と化学反応　128

第10章 分子間力と超分子　131

- **10-1** 分子間力　132
- **10-2** 結晶の格子間力　134
- **10-3** 簡単な構造の超分子　136
- **10-4** 分子膜　138
- **10-5** 生体中の超分子　140
- **10-6** 一分子機械　142

第1章
量子化学

万能と思われたニュートン力学でも解決できない現象が発見されました。それを解決したのが量子力学でした。量子力学をもとにして発展したのが量子化学です。

量子化学とは

化学結合は原子と原子を結びつける力です。原子のように微小な粒子の世界を解き明かすには量子化学の力が必要になります。量子化学とは何なのか？まず、そこから見ていくことにしましょう。

1 ニュートン力学

ニュートン（1642～1727）は江戸時代初期に、リンゴの木からリンゴが落ちるのを見て万有引力を発見したといわれています。この発見をもとにして、それに続く物理学者が研鑽を積み、ニュートン力学といわれる物理学の体系が完成されました。

ニュートン力学は、産業革命の時代に相次いで発見された全ての現象を完璧に説明することができました。ニュートン力学は宇宙の全ての動きを解明するあまり、神の力の元まで明らかにすることができるのではないかとさえ考えられました。

しかし、じつは当時既に、ニュートン力学でも完全に説明できない現象が発見されていたのです。

2 量子力学

それは光電管という、一種の真空管で起こる現象でした。光電管に光を当てると電流が流れるのです。これはアインシュタインによって解析され、
①光は光子という粒子からできている。
②光量は光子の個数に比例する
ことが明らかにされました。

この研究をもとにして、光とエネルギー、エネルギーと物質とが結局は等しいものであるということがわかり、ニュートン力学を超える新しい力学体系ができあがりました。それがシュレディンガー（1887～1961）やハイゼンベルグ（1901～1976）らによって開発された量子力学でした。この理論はニュートン力学で説明できなかった現象を完璧に説明することに成功しました。

その量子力学を化学現象に応用したのが量子化学です。というよりも、化学現象を解明することによって成立したのが量子力学である、といったほうが正しいのかもしれません。

第1章 量子化学

ニュートン

アインシュタイン

シュレディンガー

ハイゼンベルグ

量子力学は天才的な人々によって確立されました。その数学的基礎を築いた人として、フォン・ノイマンもあげることができるでしょう。

ポイント
● ニュートン力学では説明できない自然現象が発見された。
● それを説明したのが量子力学であった。
● 量子力学を化学現象の解明に応用したのが量子化学である。

1-2 エネルギーの量子化

量子力学はニュートン力学と大きく異なっていますが、象徴的なのは量子化、不確定性、シュレディンガー方程式の3点です。どのようなものか見ていくことにしましょう。

1 連続量と不連続量

　私たちの生きる世界では多くの量が連続しています。ところが原子や分子のような極少粒子の世界では、量は連続しません。飛び飛びの値しか取ることができません。このような現象を量子化といいます。量子力学の語源になった現象です。

　とはいってもなかなかわかりにくいでしょう。例で考えてみましょう。水道の水は連続量です。0.8Lでも1.2Lでも好きなだけ汲み取ることができます。しかしコンビニで売っているミネラルウォーターは1Lの瓶詰です。0.8Lで十分でも1L買うしかありませんし、1Lで足りなかったら2L買うしかありません。これはミネラルウォーターが1Lずつに単位化された不連続量になっているからです。

　これが量子化なのです。量子化学で典型的に量子化されているのがエネルギーです。

2 量子数

　自動車の速度が量子化されていたとしましょう。最低速度は10km/h、次は40、90、160km/hになっていたとしましょう。停車状態から動き出した車は途端に時速10kmで走り出します。もうすこし速くしようとしたら時速40kmに急加速です。もうすこしと思うと90kmとなり、パトカーと競争することになってしまいます。その途中の速度はないのです。ガクンガクンと変化するのです。

　ところでこの一連の速度は、nを整数とすると$10n^2$km/hなっていることに気づきます。量子化では全ての場合で、量がこのような簡単な式で表すことができます。このnを量子数といいます。

　量子数は量子化学で非常に重要な量です。量子数には多くの種類があり、多くは0、1、2、3等の整数ですが、1/2のこともありますし、＋、－の符号がつくこともあります。

第1章 量子化学

図1 連続量と不連続量（量子化）

水道水（連続量）

コップ 185mℓ　バケツ 17.6ℓ

ミネラルウォーター（不連続量）

図2 通常の自動車（連続状態）と量子化された自動車の速度

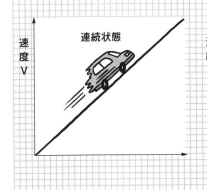

連続状態

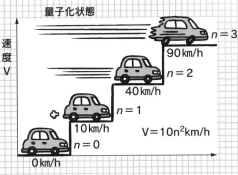

量子化状態

$n=3$　90km/h
$n=2$　40km/h
$n=1$　10km/h
$n=0$　0km/h

$V=10n^2$ km/h

量子数には多くの種類があります。それぞれが原子、分子の性質に非常に大きく関わっています。

ポイント
- 量には連続量と不連続量がある。
- 原子、分子の世界では多くの量が量子化されている。
- 量子化された量は量子数を用いた簡単な式で表すことができる。

005

1-3 空間の量子化

極小粒子の世界で量子化されるのは量だけではありません。空間も量子化されます。粒子はどのような空間にでもいることはできず、特定の空間にしかいることはできないのです。

1 歳差運動

　空間の量子化、などといわれると哲学じみた感じがしてわかりにくいかもしれませんが、簡単な話です。いっぺんに簡単なたとえ話をしてしまって、かえってナーンダなどと思われて印象が薄くなってはいけないので、すこし、もっともらしい例からいきましょう。

　コマを回しましょう。多くの場合、コマの軸は垂直です。しかし、軸が傾いた状態で回ることもあります。この場合、コマが回り続けるのは当然ですが、軸も傾いたまま回転し、いわゆるミソスリ（すりこぎ）運動をはじめます。これを歳差運動といいます。空間の量子化はこの運動を例にとって説明されるのが通例です。

　すなわち、歳差運動をするコマの軸の傾きは、通常の世界では連続的に変化できる連続量ですが、量子化された世界では、例えば10度、20度、30度などに限定されているというのです。これが空間の量子化です。

2 電子雲の形

　空間の量子化と量子数を結びつけて説明する場合には、上のたとえは巧みです。上の例では、コマの軸の角度は量子数 n によって $10n$ 度に量子化されていることになります。

　しかし、私たちがこれからやっていく化学結合の世界で考えるなら、空間の量子化は、電子雲が特定の形に限定されていることなのだと考えた方が実用的です。

　つまり電子は勝手な領域に自由に存在することはできないのです。量子数によって限定された特定な空間にしか存在することは許されないのです。この限定された空間を電子雲といい、その形が量子数によって独特の形になるのです。

　なぜ電子の存在できる空間が"雲"と呼ばれるのかは、後の節で説明することにします。

第1章 量子化学

図1 コマの歳差運動

（軸が垂直の場合）

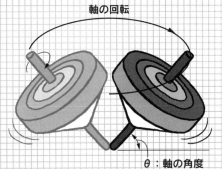

θ：軸の角度

（軸が傾いているコマの回転）

図2 電子雲の形

$n=1$

$n=2$

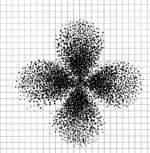

$n=3$

上図は電子雲といわれるものの例です。この図で、色の濃い領域ほど電子の存在する確率が高いことを意味します。

- ●極小粒子の世界では空間も量子化されている。
- ●例として歳差運動をするコマの軸の傾きの角度が限定されている。
- ●電子雲が独特の形をとるのは空間が量子化されたことの帰結である。

007

1-4 ハイゼンベルクの不確定性原理

これは量子化の原理と並んで、量子力学の特徴となる大原則です。これは異なる二つの量を同時に、正確に決定することはできない、というものです。どういうことでしょうか？

1 記念写真

　量子化学、すなわち量子力学の用語には古色燦然たるものが多く、60歳を超えた私にもハテナ？と思うものがあります。"不確定性原理"など、まだよい方です。この世界は訳本で紹介されたため、こんな硬い訳語が誕生したのでしょう。

　昔、ゲーテをギオエテと音訳して、「ギオエテとは俺のことかとゲーテいい」と川柳でからかわれたことがありました。その名残が今も残っているようです。

　それはともかくとして、鎌倉の大仏様の前で記念写真を撮るとしましょう。ニュートンタイプのカメラ（一般のカメラ）で写真を撮れば、それなりにピントが合った写真になると思います。次に量子タイプのカメラで撮ったとしましょう。前景の人物にピントを合わせると、人物の髪の一本一本まで正確に写りますが、光景の大仏様は、入道雲のようになります。反対に、大仏様に焦点を合わせると、人物はタバコの煙のようになってしまいます。

2 二つの量を同時に正確に測定することはできない

　これが量子力学を確立した天才ハイゼンベルクが発見したことによって「ハイゼンベルクの不確定性原理」としてあまりに有名な原理なのです。これは「質量不滅の法則」と同じように「なぜ？」と聞くことのできない大法則です。あえていうならば、私たちの住む宇宙の「癖」です。言い方を変えれば、神様が勝手に決めた「お仕着せ法則」です。私たちが不平をいっても始まりません。全ての宇宙現象はこの法則に従っているのです。人間は宇宙の原則に従う以外ありません。

　それでは「二つの量」とは何なのでしょう？化学の世界では「位置とエネルギー」です。つまり、電子のエネルギーを特定したら、電子の位置は特定できなくなるのです。エネルギー$E=E_0$を持つ電子がどこにいるかはわからなくなるのです。これが電子雲を説明する原理です。

第 1 章 量子化学

図1　量子タイプのカメラがあったなら

ニュートンカメラ（一般のカメラ）

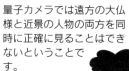

量子カメラでは遠方の大仏様と近景の人物の両方を同時に正確に見ることはできないということです。

量子カメラ（前か後ろは煙と消える）

- 粒子の持つ「エネルギー」、そのエネルギーを持つ瞬間の粒子の「位置」の両方を同時に正確には決定することができない。
- この原理が電子雲という概念につながる。

009

1-5 電子の存在確立

水素原子を構成するのは1個の原子核と1個の電子です。電子は粒子です。水素原子に存在するただ1個の粒子が雲のようになる、とはどういうことなのでしょうか？

1 存在確立

　前節で見たハイゼンベルクの不確定性原理は、煎じ詰めれば、極小粒子である電子の「エネルギー」と「位置」の両方を同時に「正確」には決定できないということです。

　現代科学はエネルギーを基本として成り立っています。化学も同様です。現代化学の知識の全ては、後に見る一定の電子エネルギーを持った電子の挙動をもとにして成り立っています。つまり、本書を通じてこれから見ていこうという化学結合は、電子エネルギーの基本の上に成り立っているのです。

　ということは、「エネルギーを正確に記述」しなければなりません。ということは、電子の「位置は不明確」にならざるを得ないのです。とはいうものの、まったくわからないわけではありません。「ある位置」に「存在する確率」はわかるのです。これを存在確立といいます。

2 電子雲の形

　図1は最も単純な形、すなわち球形、お団子形の電子雲（1s軌道）の存在確率を表したものです。グラフの原点は原子核です。

　つまり、電子は基本的に原子核の近傍にいるのです。しかし、原子核から離れることもあります。しかし、そのような確率は、原子核からの距離 r が大きくなると急速に小さくなります。

　もっとわかりやすい例を紹介しましょう。電子は原子核の周りを動き回っています。電子のスナップ写真を撮ります。定点観測として、写真の中心を原子核に固定します。1万枚を撮りましょう。これを全て1枚のポジに重ね焼きします（図2）。

　すると、電子が何回も写ったところは黒く、あまり映らなかったところは白くなり、全体に雲のようになるでしょう。これが電子雲の模式的な概念です。要するに、電子雲の黒いところは存在確率が高く、白いところは低いのです。

第1章 量子化学

図1 電子雲の存在確率のグラフ

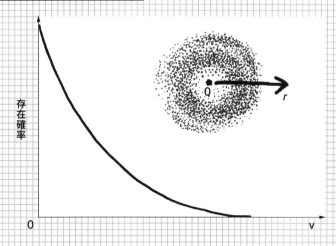

図2 原子核の周りを動き回る電子が雲状になる

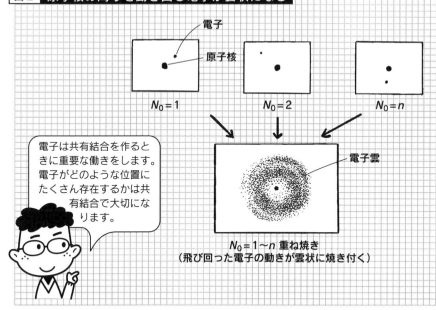

電子は共有結合を作るときに重要な働きをします。電子がどのような位置にたくさん存在するかは共有結合で大切になります。

ポイント
- ハイゼンベルクの不確定性原理によれば、電子のエネルギーと存在位置を同時に正確に決定することはできない。
- 電子の位置を存在確率に従って図表的に表したものが電子雲である。

011

1-6 シュレディンガー方程式と波動関数

電子は粒子ですが波のような性質も持っています。量子化学では電子の動きを波動関数という関数で表します。この波動関数を求める方程式がシュレディンガー方程式という方程式です。

1 シュレディンガー方程式

シュレディンガー方程式は図1の式のように表されます。ψ（プサイ）が波動関数です。"ψ"などと難しそうな顔をしていますが、$y=ax$ の "y" と同じものです。E は ψ で表される電子の持つエネルギーです。H は演算子といわれるものです。演算子というのは＋－÷×などと同じように、計算の種類を表す記号です。

シュレディンガー方程式は、関数 ψ に H という計算を行うとエネルギー E が求まるということを意味しています。しかし、実際には ψ も H も中身は非常に複雑ですから、あまり深入りをしない方が賢明です。この式が理解できたからといって、これから本書で見ていこうとする化学にはほとんど何の役にも立ちません。

2 波動関数

波動関数 ψ は波の動きを表す関数です。電子は波の性質を持っているから波動関数で表すことができるのです。波動関数というとむずかしそうですが、簡単のために、サイン関数 $y=\sin x$ と思って下さい。すると関数にプラスの領域とマイナスの領域があることがわかります。関数にプラスの部分とマイナスの部分があるということは分子の反応を考える時に重要な意味を持ってきます。

サイン関数を二乗すれば、全ての領域でプラスになります。ニュートン力学によれば、波動関数を二乗したもの ψ^2（$y^2 = \sin^2 x$）は波のエネルギー分布を表すことになっています。量子化学では ψ^2 は電子の存在確率を表すものと理解します。

電子の存在確率というのは電子雲のことです。電子雲がどのような形をし、どこで濃くてどこで薄いのかということが ψ^2 を見ればわかるのです。これは化学、とくに化学結合を考えるときには決定的に重要なことです。そのため、化学結合を考えるときには、量子化学的な考えが必要になるのです。

図1 シュレディンガー方程式

$$H\psi = E\psi$$

H：ハミルトン演算子
ψ：波動関数
E：エネルギー

図2 波動関数

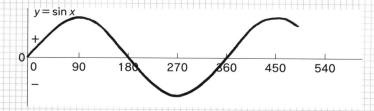

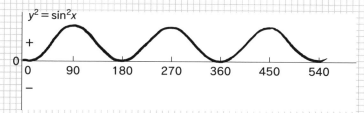

> $y=\sin x$ は＋の部分と－の部分があります。しかし、それを二乗した $y^2=\sin^2 x$ は＋の部分のみとなります。

- 電子は波動関数で表される。
- 波動関数はシュレディンガー方程式を解いて求める。
- 波動関数の二乗は電子の存在確率を表す。

第2章
原子構造

原子の性質、反応性を決定するのは電子です。電子雲は電子殻、軌道に入ります。電子殻と軌道は個有のエネルギーを持っています。

2-1 原子をつくるもの

化学結合は原子と原子を結びつける力です。そのため、化学結合を勉強するためには原子の知識が不可欠です。原子はどのようなものからできているのでしょうか。

1 原子と分子

　水を細かく分けていくと、最後にこれ以上分けられない究極の微小粒子に到達します。これを水の分子 H_2O といいます。分子はその物質の性質を持っています。ですから、水分子の性質を研究すれば水の性質がわかります。

　しかし実は水分子は、更に、壊す、分解することができます。水分子を分解すると3個の微小粒子、すなわち2個の水素原子Hと1個の酸素原子Oになります（図1）。しかし、これら原子をいくら詳しく調べても水の性質は見えてきません。

　原子は分子を作る材料であり、原子が結合して分子を作っているのです。分子の種類は無限大といってよいでしょう。ところが原子の種類は90種ほどに過ぎません。この原子がいろいろに結合して多彩な分子を作り上げるのです。

2 原子の大きさ

　原子は雲でできた球のようなものです。雲のように見えるのは電子雲と呼ばれる部分で、電子からできており、電気的にマイナスです。電子雲の中心にある小さく重い（高密度）粒子が原子核です。原子核はプラスに荷電し、その電荷量は電子雲の電荷量と同じです。したがって原子は全体として電気的に中性になっています。

　原子の直系は10^{-10}m 程度、原子核の直系は10^{-14}m 程度です。これは原子核を直径1cm のビー玉とすると、原子は直径100m の巨大な球ということを意味します（図2）。しかし、原子の質量（重さ）の99.9% は原子核にあります。つまり電子雲は電荷と体積はあるが、重さのほとんどない空虚な空間のようなものだということです。

　ところが非常に重要なことに、原子の化学的性質は電子雲によって決定されます。つまり、電子雲がどのような形で、どのような性質を持っているかによって、原子の反応性、結合性が決まるのです。

第 2 章 原子構造

図1 水分子を分解すると…

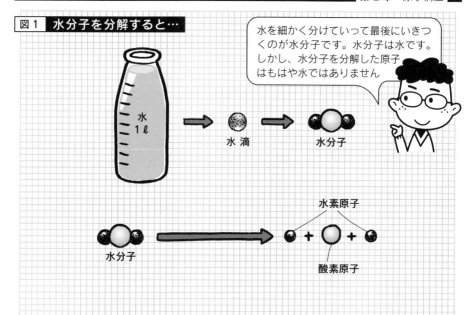

図2 原子と原子核の大きさの比較（原子核を直径1cmと仮定した場合）

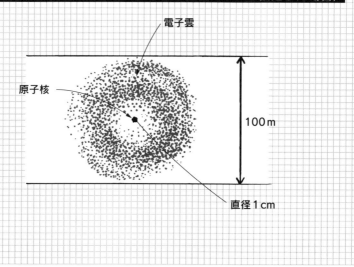

- 分子は物質の性質を持っているが、原子にはそのような性質はない。
- 原子は電気的に＋の原子核と－の子雲からできている。
- 原子核をビー玉とすると、原子は直径100mの球になる。

017

2-2 原子核を作るもの

原子核は陽子と中性子からできています。両者は、重さはほぼ等しいものの、電荷がまったく違います。陽子は+1の電荷を持ちますが、中性子は電気的に中性です。

1 陽子と中性子

原子は原子核と電子からできていましたが、原子核はさらに陽子（記号p（小文字））と中性子（n）からできています（図1）。図2に示したように、陽子と中性子の重さはほぼ等しく、原子の重さを表す単位である質量数でいうと、両方とも1です。違いは電荷です。陽子は+1の電荷を持ちますが、中性子は電荷を持ちません。ちなみに電子は質量数0、電荷-1です。

原子が持つ陽子の個数を原子番号Zといいます。また、陽子と中性子の個数の和を質量数Aといいます。Zは元素記号の左下、Aは左上に添え字として書く約束になっています（図3）。しかし元素記号がわかれば原子番号はわかりますから、Zは省略することが多いです。Zが同じ原子の集合を元素といいます。したがって、元素の中には質量数Aの異なる原子も入っていることになります。

原子は原子核の電荷と電子雲の電荷の絶対値が等しくなっています。ということは、原子番号Zの原子はZ個の電子を持っていることになります。

2 同位体

ところで、原子の中には、Zは等しいがAは異なる。つまり、陽子の個数は等しいが、中性子の個数の異なるものがあります。このような原子を互いに同位体といいます（図4）。

水素原子H（$Z=1$）には中性子を持たない水素、すなわち$A=1$、元素記号^{1}H、中性子を1個持った重水素、すなわち$A=2$、元素記号^{2}H（記号Dで表す）、中性子を2個持った三重水素、すなわち$A=3$、元素記号^{3}H（T）があります。

この三種の集合を水素元素というのです。ですから、水素元素の中には三種の水素原子（同位体）が存在します。これら同位体の割合は元素によって大きく異なります。水素の場合には圧倒的に^{1}Hが多いです。しかし塩素Clの場合には^{35}Clと^{37}Clがほぼ3：1の割合で存在します。

第 2 章　原子構造

図1　原子核のしくみ

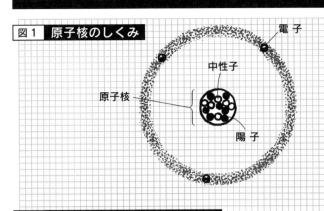

電子雲は電子からでき原子核は陽子と中性子からできています。

図2　陽子と中性子の電荷と質量数

	名称	記号	電荷	質量数
原子	電子	e	−1	0
原子核	陽子	p	+1	1
	中性子	n	0	1

図3　原子番号と質量数の表し方

$${}^{12}_{6}\text{C}$$

- 質量数 A（陽子数＋中性子数）
- 元素記号（carbonの頭文字）
- 原子番号 Z（陽子数）

全体をも元素記号という

図4　同位体

元素名	水素			炭素		酸素		塩素		ウラン	
記号	^{1}H (H)	^{2}H (D)	^{3}H (T)	^{12}C	^{13}C	^{16}O	^{18}O	^{35}Cl	^{37}Cl	^{235}U	^{238}U
陽子数	1	1	1	6	6	8	8	17	17	92	92
中性子数	0	1	2	6	7	8	10	18	20	143	146
存在比%	99.98	0.015		98.89	1.11	99.76	0.20	75.53	24.47	0.72	99.28

- 原子核は陽子と中性子からできている。
- 陽子の個数（＝電子の個数）を原子番号 Z、陽子と中性子の個数の和を質量数 A といい、Z が同じで A が異なる原子を互いに同位体という。

2-3 原子量、分子量とモル

原子は非常に小さい粒子ですが重さがあります。原子の重さを表す相対的な単位を原子量といいます。鉛筆12本のまとまりを1ダースといいます。原子や分子のアボガドロ定数個のまとまりを1モルといいます。

1 原子量

　原子の重さを相対的に表す単位として原子量 AW があります。細かいことをいうと面倒になりますが、わかりやすくいいましょう。前節で原子に同位体があることを見ました。この同位体の質量数の（荷重）平均を原子量といいます。

　水素では^{1}H が大部分ですから、原子量も1.008とほぼ1です。しかし塩素では^{35}Cl と^{37}Cl が3：1で存在するので原子量は35.5となります（図1）。

2 モル

　原子の重量は極めて小さいので、その1個の重さを計ることは不可能です。しかし、多数個が集まれば計測は可能です。モノスゴクたくさん集まれば、全体の重さは1gになるでしょう。そしてある個数だけ集まれば、その重さは原子量（にgをつけた重さ）になるでしょう。そのときの原子の個数をアボガドロ定数個といいます。これは$6×10^{23}$個という、想像を絶する個数です（図2）。

　アボガドロ定数個の原子の集団を1モルといいます。12本の鉛筆の集団を1ダースというのとまったく同じことです（図3）。

3 分子式、分子量

　分子は複数個の原子が結合して作った構造体です。分子を構成する原子の種類、個数を表した式（記号）を分子式といいます。2個の水素原子 H と1個の酸素原子からできた水分子なら H_2O、1個の炭素 C と2個の酸素 O からできた二酸化炭素分子なら CO_2 が分子式です。

　分子を構成する全原子の原子量の総和を分子量 MW といいます。つまり水分子なら$1×2+16=18$です。二酸化炭素なら$12+16×2=44$となります。液体の水より気体の二酸化炭素の方が分子量が大きいのです。

　原子の場合と同じように、分子の集合の重さが分子量（にgをつけた重さ）に等しくなったときの分子の個数はアボガドロ数個になっています。この集団を1モルといいます。

図1　塩素の原子量

$$^{35}Cl : ^{37}Cl = 3 : 1$$

$$A_W(Cl) = \frac{35 \times 3 + 37}{4} \fallingdotseq 35.5$$

図2　アボガドロ定数個とは

- 1個の重さ ≒ 0g
- モノスゴクたくさんの集団の重さ = 1g
- 6×10^{23}個の集団の重さ = A_W(g)
- このときの集団の個数 = 6×10^{23}個（アボガドロ定数）
- アボガドロ定数個の集団 = 1モル

図3　1モル（mol）の考え方

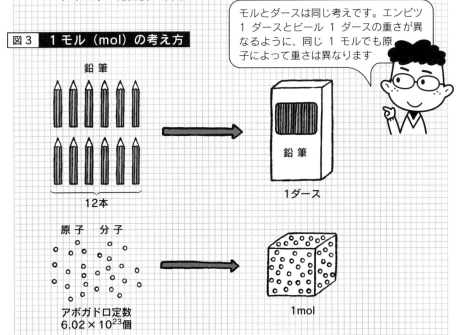

モルとダースは同じ考えです。エンピツ1ダースとビール1ダースの重さが異なるように、同じ1モルでも原子によって重さは異なります

- ●同位体の質量数の加重平均（に近い値）を原子量という。
- ●原子、分子のアボガドロ定数（6×10^{23}）個の集団を1モルという。
- ●1モルの原子、分子の質量（の数値）は原子量、分子量に等しい。

2-4 電子と電子殻

原子に属する電子は居場所が定まっています。それを電子殻といいます。電子殻にはいろいろありますが、それぞれに定員とエネルギーが定まっています。

1 電子殻

マイナスに荷電した電子には、原子に属する電子と、属さない電子があります。原子に属さず、自由に行動する電子を自由電子といいます。

原子に属する電子はプラスに荷電した原子核の拘束を受けます。このような電子は電子殻という一定の場所に存在するように制約されます。電子殻は原子核を中心として球殻状になっています。

電子殻は原子核に近いものから順にK殻、L殻、M殻などと、Kから始まるアルファベットの名前がつけられています。各電子殻には電子を収容できる個数が定まっています。それはK殻（2個）、L殻（8個）、M殻（18個）などです。この定員数はnを整数とすると$2n^2$個となっていることがわかります。nはK殻（1）、M殻（2）、N殻（3）などです。このnが先に見た量子数なのです（図1）。

2 電子のエネルギー

ところで、電子はマイナスに荷電し、原子核はプラスに荷電しています。両者の間には静電引力が発生します。これは引力ですからエネルギーです。つまり、原子に属する電子はエネルギーを持っているのです。

化学ではエネルギーをマイナスに計ります。すなわち、適当な基準のエネルギーを$E=0$とし、それよりΔEだけ安定な状態を$E=-\Delta E$とするのです。このようにすると、安定な状態はグラフの下方に行きます。これを低エネルギー状態といいます。反対に不安定な状態は上方に行きます。これを不安定状態といいます。

この感覚は位置エネルギーと同じです。屋根の上はΔEだけ高エネルギーで不安定です。エネルギーの基準となる地上は低エネルギーで安定です。もし、屋根から飛び降りたら、そのエネルギー差ΔEが放出され、飛び降りた人は足を折るでしょう。この常識的な感覚が生かされるのが化学のエネルギーなのです（図2）。

第2章 原子構造

図1 電子殻と最大電子数

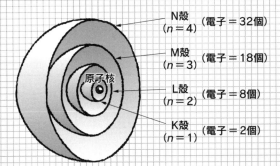

図2 屋根の上は不安定なΔE状態?

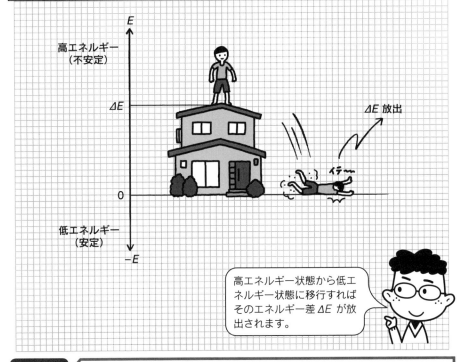

高エネルギー状態から低エネルギー状態に移行すればそのエネルギー差 ΔE が放出されます。

ポイント
- ●原子に属さない電子を自由電子という。
- ●原子に属する電子は原子核に拘束されて電子殻に入る。
- ●電子殻には定員があるが、それは量子数によって決定される。

2-5 電子殻のエネルギー

特定の電子殻に入った電子は原子核との間に静電引力を発生します。このエネルギーを電子殻のエネルギーといいます。静電引力は原子核に近いほど大きくなります。

1 静電引力

　一般に静電引力は電荷数の積に比例し、距離の二乗に反比例します。要するに、原子核の電荷（原子番号Z）が大きいほど大きく、原子核に近いほど大きくなるのです。

　つまりこのエネルギーはK殻が最も大きく、L、M、N…と原子核から離れるほど小さくなります。そして、原子核の束縛を離れて原子核との距離が無限大と考えられる自由電子では0となります（図1）。

2 電子殻のエネルギー

　図2は電子殻のエネルギーを表したものです。前節で見たように、化学ではエネルギーはマイナスに計り、安定なものほどマイナスに大きくします。静電引力は系（原子）を安定化させるエネルギーです。

　エネルギーの基準はこの安定化作用のない状態、つまり自由電子のエネルギーとし、それを$E=0$とします。K殻の電子は原子核に最も近くて引力が大きいので、マイナスに大きく、つまり最も下方にします。そして、L、M、N殻と量子数が大きくなるほどエネルギーは上昇し、$E=0$に近づきます。

3 電子移動とエネルギー変化

　このようにして表したグラフでは、系に変化が起こった場合のエネルギー変化は前節で見た、2階から飛び降りた場合と同じように考えることができます。つまり、自由電子が原子に属することになりK殻に入ったとすると、その差のエネルギーΔE_K、つまりK殻の電子殻エネルギーが放出されることになります。このように、エネルギーを放出する反応を発熱反応といいます。

　反対にK殻の電子が原子から離れて自由電子になろうとしたら、ΔE_Kを外界から吸収しなければなりません。このような反応を吸熱反応といいます。

第 2 章 原子構造

図1 静電引力は電子核から離れるほど小さくなる

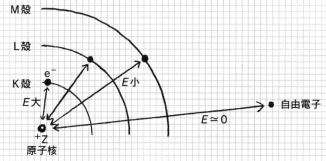

静電引力はK殻が最大です。そのエネルギーを−(マイナス)に計って K 殻の軌道エネルギーとします。

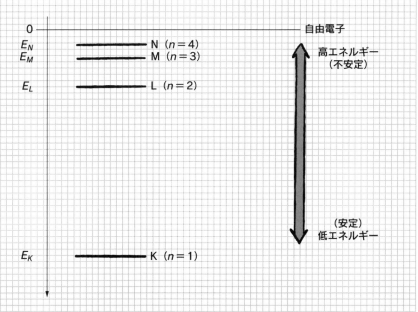

- 電子殻は固有のエネルギーを持つ。
- 電子殻のエネルギーはK殻が最も大きく、安定である。
- 電子が電子殻を移動するとエネルギーの出入りが起こる。

2-6 電子殻と電子軌道

電子殻はさらに軌道に分かれています。軌道にはs軌道、p軌道、d軌道などがあり、それぞれ独特の形とエネルギーを持っています。各軌道の定員は全て2個ずつです。

1 軌道

研究の結果。電子殻は更に（電子）軌道に分かれていることがわかりました。軌道にはs軌道、p軌道、d軌道などいろいろの種類があります。s軌道は1個ですが、p軌道は3個セット、d軌道は5個セットになっています。

2 電子殻と軌道

電子殻によって持っている軌道の種類と個数が異なります。K殻はs軌道だけしか持っていませんが、L殻はs軌道とp軌道を持っています。p軌道は3個セットですから、L殻は全部で4個の軌道を持っていることになります。M殻はs、p、dの3種類の軌道を持つので合計9個の軌道を持つことになります（図1）。

s軌道はK殻、L殻、M殻全てに存在しますが、それぞれのs軌道は微妙に異なります。そこで区別するために電子殻の量子数をつけて1s軌道（K殻）、2s軌道（M殻）などとして区別します。p軌道に関しても同様に2p軌道（L殻）、3p軌道（M殻）などとします。

1個の軌道に入ることのできる電子は2個までに限られています。この結果、K殻の定員は2個、L殻は8個、M殻は18個と、先に見た電子殻の定員のとおりになっています。

3 軌道のエネルギー

軌道のエネルギーはs軌道が最も低く、p、d軌道となるにつれて高エネルギーとなります。p軌道、d軌道などセットになっている軌道のエネルギーは等しいです。このように同じエネルギーの軌道を縮重軌道と呼びます。また、基本的に電子殻エネルギーの高低は残りますから、軌道のエネルギーは

$$1s<2s<2p<3s<3p<3d$$

の順になりますが、3d軌道よりも高エネルギー軌道になると順序が乱れてきます。

図　電子殻ごとの軌道

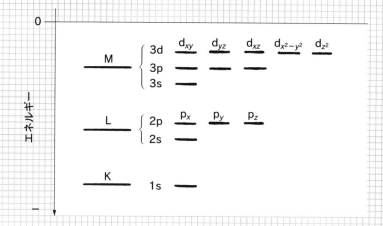

電子殻は軌道に分かれています。p軌道は3個セット d軌道は5個セットです。

コラム　軌道の形

　軌道は不思議な形をしています。s軌道はともかくとして、p軌道はなぜあんなミタラシ形なのでしょうか？ d軌道に至っては不思議としかいいようがありません。

　実は、このような不思議な軌道の形は、原子が結合するとか、反応するとかという特殊な状態でだけ表れる特殊な形なのです。このような外部からの影響（摂動）がない場合には、軌道も電子殻と同じように球殻状と考えてよいでしょう。

- 電子殻は軌道に分かれる。
- 軌道には何個かがセットになっている縮重軌道がある。
- 軌道の定員は全て2個ずつである。

2-7 軌道の形と関数

軌道はそれぞれ独特の形をしています。s軌道はお団子型、p軌道はみたらし団子型などです。この形が後に結合を考えるうえで重要な役割を果たすことになります。

1 軌道の形（図1）

○ s軌道

s軌道は丸いお団子のような形です。中は電子雲で詰まっています。

○ p軌道

p軌道は2個のお団子を串に刺したみたらし団子のような形です。串が直交座標のx軸、y軸、z軸どの方向を向くかによって、p_x、p_y、p_zの三種類があります。この3個の軌道は方向が違うだけで、形、エネルギーはまったく同等です。

○ d軌道

d軌道はチョット複雑です。四葉のクローバーを立体にしたような形の4個と、ボーリングのピンが鉢巻をしたような形の1個、合計5個です。d_{xy}は電子雲がxy平面に乗っています。d_{yz}、d_{zx}も同様です。

それに対して$d_{x^2-y^2}$の電子雲はx軸とy軸上にあります。そしてd_{z^2}はz軸上に電子雲があります。これら5個の軌道のエネルギーは全て同等です。

2 軌道関数

先に電子は波動関数で表されることを見ました。そして波動関数の二乗は電子の存在確率、すなわち電子雲の形を表すことも見ました。上で見た軌道の形がまさしく波動関数の二乗を図式化したものなのです。

それでは二乗する前の関数はどうなっているのでしょう。図2は2p軌道の一乗の関数を図式化したのです。形はほぼ同じです。違いはプラスの部分とマイナスの部分があることです。プラスマイナスが切り替わるところ、つまり座標の原点、原子核のところを節（面）といいます。2s軌道を二つに切ると、二重構造になっており、内部に接面があることがわかります。

一般に接面は電子殻の量子数$n-1$個だけあります。したがって1s軌道に節はありません。一方、3d軌道（$n=3$）には節（点線）が2個あります。

第 2 章　原子構造

図1　軌道の形

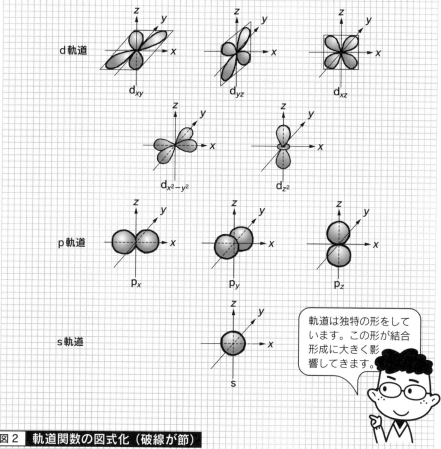

軌道は独特の形をしています。この形が結合形成に大きく影響してきます。

図2　軌道関数の図式化（破線が節）

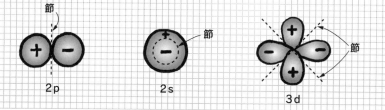

- s軌道はお団子型、p軌道はみたらし団子型である。
- お団子の内部は電子雲が詰まっている。
- 波動関数の一乗にはプラスの部分とマイナスの部分、それと節がある。

029

第 **3** 章
原子の電子構造

原子の電子は電子殻に入りますが、電子殻はさらに軌道に分かれています。原子は電子を出し入れすることによって陽イオンや陰イオンになります。

電子配置

原子に属する電子は軌道に入ります。電子がどの軌道にどのように入っているかを表したものを電子配置といいます。電子配置は、周期表はもちろん、原子の反応性、結合に大きな影響を与えます。

1 電子配置の約束

電子が軌道に入るときには次の約束を守らなければなりません。
① エネルギーの低い軌道からに入っていく
② 1個の軌道に2個の電子が入るときにはスピンを逆にする
③ 1個の軌道には2個以上の電子は入れない
④ 軌道エネルギーの和が等しいときには電子の向きが揃った方が安定

実際の例を見ていきましょう。その前に③のスピンについて見ておきましょう。電子は自転(スピン)しています。化学ではその回転方向を上下向きの矢印で表します(図1)。

2 電子配置の実際

原子番号の順に、電子を1個ずつ増やしながら見ていきましょう(図2)。

H : 1個の電子は①に従って最低エネルギー軌道の1s軌道に入る。
He : 2個目の電子は①にしたがって1s軌道に入るが、②にしたがってスピン方向を逆にする。
Li : 3個目の電子は③にしたがって高エネルギーの2s軌道に入る。
Be : 4個目の電子も2s軌道にスピンを逆にして入る。
B : 5個目の電子は2p軌道に入る。
C : 6個目の電子も2p軌道に入るが、2p軌道にはエネルギーの等しい軌道が3個ある。この結果C-1、C-2、C-3の3種類の電子配置が可能になる。この3種は軌道エネルギーの和は全て等しい。そこで④にしたがってC-3が最安定ということになる。したがってCは2個の不対電子を持つことになる。安定な状態を基底状態、不安定な状態を励起状態という。電子配置は基底状態を書く。
N : 7個目の電子は空いているp軌道に入る。
O : 8個目の電子はp軌道に電子対を作って入る。
Cl : 9個目の電子がp軌道に入る。
Ne : 3個のp軌道が満員になる。

第3章 原子の電子構造

図1　電子の自転（スピン）

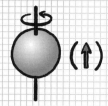（↑）　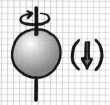（↓）

図2　電子配置

		Li	Be	B	C	N	O	F	Ne
L	2p	○○○	○○○	↑○○	↑↑○	↑↑↑	↑↓↑↑	↑↓↑↓↑	↑↓↑↓↑↓
	2s	↑	↑↓	↑↓	↑↓	↑↓	↑↓	↑↓	↑↓
K	1s	↑↓	↑↓	↑↓	↑↓	↑↓	↑↓	↑↓	↑↓

　　　　　　　　　　　　　　開殻構造　　　　　　　　　　　　　　閉殻構造

	C-1	C-2	C-3
2p	↑↓○○	↑↑↓○	↑↑↑
2s	↑↓	↑↓	↑↓
1s	↑↓	↑↓	↑↓

　　　励起状態　　　基底状態

スピンの方向が揃っている（スピン平行）状態が安定です。

ポイント
- 電子はスピンしている。
- 電子が軌道に入るときには守らなければならない規則がある。
- 電子には不対電子と電子対の区別がある。
- 炭素には基底状態と励起状態がある。

3-2 電子配置の意味

電子配置にはいろいろの意味が隠されています。それは原子の性質、反応性、結合生成に大きな影響を与えます。どのような情報があるのか見てみましょう。

1 不対電子と電子対電子

　1個の軌道に1個だけ入った電子を不対電子といいます。Hの電子がその例です。LiやB、Fも1個ずつ持っています。それに対してCとOは2個ずつ、Nは3個も持っています。不対電子の個数は後に見る共有結合に大きな影響を与えます。

　それに対して、1個の軌道に2個で入った電子を電子対（電子）といいます（図1）。

2 閉殻構造と開殻構造

　HeではK殻が満員になっています。NeではK殻とL殻が満員です。このように電子殻に定員一杯の電子が入った電子配置を閉殻構造といいます。

　閉殻構造は独特の安定性を持っており、変化するのを嫌う性質があります。HeやNeなどの希ガス元素が反応性に乏しいのはこの閉殻構造のせいです。

　それに対して閉殻でない構造を開殻構造といいます。

3 最外殻と最外殻電子

　電子が入っている電子殻のうち、もっとも外側、すなわち最も高エネルギーの電子殻を最外殻といい、それ以外の電子殻を内殻といいます（図2）。Li〜NeではL殻が最外殻、K殻が内殻ということになります。

　最外殻に入っている電子を最外殻電子といいます。後に見るように、最外殻電子は原子がイオンになるとき、その電価数に影響するので価電子ともいわれます。Liは価電子が1個、Cは4個、Fは7個です。

4 非共有電子対

　電子対のうち、最外殻にあるもの、すなわち価電子の作る電子対を特に非共有電子対といいます（図3）。

　非共有電子対は後に見る配位結合で重要な働きをします。

第 3 章　原子の電子構造

図1　不対電子と電子対

不対電子　　　電子対

図2　最外殻と最外殻電子

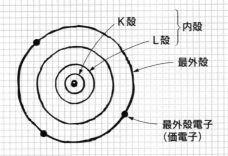

最も外側の軌道を最外殻、そこに入っている電子を最外殻電子といいます。

図3　非共有電子対

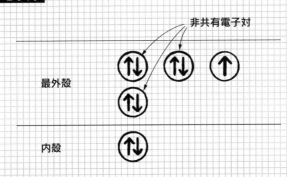

ポイント

- ●不対電子は共有結合で重要な働きをする。
- ●最外殻に入った電子を最外殻電子、価電子という。
- ●価電子の電子対を非共有電子対という。

035

3-3 周期表

周期表は電子配置の反映です。原子が持つ価電子の個数、価電子の入る電子殻を表しています。その結果、周期表は原子の性質を端的に表すことになるのです。

1 周期表の約束

周期表の上には1～18までの数字が振ってあります。これは族を表します。すなわち、族番号1の下に縦に並ぶ元素を1族元素といいます。他も同様です。この数字は価電子の個数を反映しています。

一方、周期表の左には1～7の数字が振ってあります。これは周期を表し、周期番号1の右に並ぶ元素を第一周期元素と呼びます。

2 周期表の意味

周期表は簡単にいえば、元素を原子番号の順に並べ、適当に折り曲げたものです。同じようなものにカレンダーがあります。カレンダーは日にちをその順に並べ、7個ごとに折り曲げたものです。何日であろうと日曜日は楽しいし、月曜日はうっとうしいです。

周期表の族は曜日に相当します。1族元素は互いに似たような性質を持ちますし、17族元素も同様です。

3 周期表の作製

周期表の持つ性質は周期表の作り方によるものです。つまり、周期表は電子配置のとおりに作られているのです。簡単にいうと、
①周期番号は最外殻の量子数に一致します。
②族番号は最外殻に入る電子、すなわち価電子を表すのです。

4 周期表の実際

周期表の第2周期元素のうち1～2族は価電子が2s軌道に入る元素、13～14族元素は価電子が2p軌道に入る元素です。ここまでは単純明快です。ところが第3周期に入るとd軌道が関与して話が複雑になります。しかし、本書で相手にする原子はほとんど全てが第2周期元素です。したがって、さしあたりの知識は以上で十分です。もし、これ以上の知識を必要とする場面が出たら、その都度、ご紹介することにしましょう。

第3章 原子の電子構造

図1 周期表はカレンダーのようなもの

同期表はカレンダーに似ています。つまり、たてに並んだ元素は互いに性質が似ているのです。このような元素を同族元素といいます。

図2 周期表

周期＼族	1	2	3	4	5	6	7	8	9	10	11	12	13	14	15	16	17	18
1	1H 水素 1.008																	2He ヘリウム 4.003
2	3Li リチウム 6.941	4Be ベリリウム 9.012											5B ホウ素 10.81	6C 炭素 12.01	7N 窒素 14.01	8O 酸素 16.00	9F フッ素 19.00	10Ne ネオン 20.18
3	11Na ナトリウム 22.99	12Mg マグネシウム 24.31											13Al アルミニウム 26.98	14Si ケイ素 28.09	15P リン 30.97	16S 硫黄 32.07	17Cl 塩素 35.45	18Ar アルゴン 39.95
4	19K カリウム 39.10	20Ca カルシウム 40.08	21Sc スカンジウム 44.96	22Ti チタン 47.87	23V バナジウム 50.94	24Cr クロム 52.00	25Mn マンガン 54.94	26Fe 鉄 55.85	27Co コバルト 58.93	28Ni ニッケル 58.69	29Cu 銅 63.55	30Zn 亜鉛 65.38	31Ga ガリウム 69.72	32Ge ゲルマニウム 72.63	33As ヒ素 74.92	34Se セレン 78.96	35Br 臭素 79.90	36Kr クリプトン 83.80
5	37Rb ルビジウム 85.47	38Sr ストロンチウム 87.62	39Y イットリウム 88.91	40Zr ジルコニウム 91.22	41Nb ニオブ 92.91	42Mo モリブデン 95.96	43Tc テクネチウム (99)	44Ru ルテニウム 101.1	45Rh ロジウム 102.9	46Pd パラジウム 106.4	47Ag 銀 107.9	48Cd カドミウム 112.4	49In インジウム 114.8	50Sn スズ 118.7	51Sb アンチモン 121.8	52Te テルル 127.6	53I ヨウ素 126.9	54Xe キセノン 131.3
6	55Cs セシウム 132.9	56Ba バリウム 137.3	ランタノイド 57~71	72Hf ハフニウム 178.5	73Ta タンタル 180.9	74W タングステン 183.8	75Re レニウム 186.2	76Os オスミウム 190.2	77Ir イリジウム 192.2	78Pt 白金 195.1	79Au 金 197.0	80Hg 水銀 200.6	81Tl タリウム 204.4	82Pb 鉛 207.2	83Bi ビスマス 209.0	84Po ポロニウム (210)	85At アスタチン (210)	86Rn ラドン (222)
7	87Fr フランシウム (223)	88Ra ラジウム (226)	アクチノイド 89~103	104Rf ラザホージウム (267)	105Db ドブニウム (268)	106Sg シーボーギウム (271)	107Bh ボーリウム (272)	108Hs ハッシウム (277)	109Mt マイトネリウム (276)	110Ds ダームスタチウム (281)	111Rg レントゲニウム (280)	112Cn コペルニシウム (285)	113Uut (284)	114Fl フレロビウム (289)	115Uup (288)	116Lv リバモリウム (293)	117Uus (210)	118Uuo (222)
電荷	+1	+2				複雑						+2	+3		-3	-2	-1	
名称	アルカリ金属	アルカリ土類金属											ホウ素族	炭素族	窒素族	酸素族	ハロゲン	希ガス元素
	典型元素		遷移元素										典型元素					

ランタノイド	57La ランタン 138.9	58Ce セリウム 140.1	59Pr プラセオジム 140.9	60Nd ネオジム 144.2	61Pm プロメチウム (145)	62Sm サマリウム 150.4	63Eu ユウロピウム 152.0	64Gd ガドリニウム 157.3	65Tb テルビウム 158.9	66Dy ジスプロシウム 162.5	67Ho ホルミウム 164.9	68Er エルビウム 167.3	69Tm ツリウム 168.9	70Yb イッテルビウム 173.1	71Lu ルテチウム 175.0
アクチノイド	89Ac アクチニウム (227)	90Th トリウム 232.0	91Pa プロトアクチニウム 231.0	92U ウラン 238.0	93Np ネプツニウム (237)	94Pu プルトニウム (239)	95Am アメリシウム (243)	96Cm キュリウム (247)	97Bk バークリウム (247)	98Cf カリホルニウム (252)	99Es アインスタイニウム (252)	100Fm フェルミウム (257)	101Md メンデレビウム (258)	102No ノーベリウム (259)	103Lr ローレンシウム (262)

- 族番号は最外殻の電子数、価電子数を反映する。
- 同じ族に属する元素は互いに似た性質を持つ。
- 周期番号は最外殻の量子数である。

3-4 イオン化エネルギーと電子親和力

電気的に中性な原子Aが電子1個を放出すると陽イオンA^+になります。反対に電子1個を獲得すると陰イオンA^-になります。これらの反応にはエネルギーの出入りが伴います。

1 イオン化

　原子番号Zの原子核にはZ個の陽子が存在し、原子核は$+Z$に荷電しています。一方、電子雲にはZ個の電子が存在し、電子雲は$-Z$に荷電しています。この結果、普通の原子では原子核の+電荷と電子雲の－電荷が釣り合い、電気的に中性となっています。

　もしこの原子Aから、1個の電子が抜け出したら、原子全体としては原子核の+電荷が1だけ多いことになります。この状態を1価の陽イオンといい、A^+と表します（式1）。もし2個の電子が放出されたら2価の陽イオンA^{2+}となります（式2）。

　反対にAが電子1個を獲得したら電子雲の－電荷が1だけ増えます。この結果原子はA^-となります。これを1価の陰イオンといいます。2個の電子を受け入れたら2価の陰イオンA^{2-}となります。

　このように原子がイオンになることをイオン化といいます（図1）。

2 イオン化のエネルギー

　イオン化にはエネルギーの出入りが伴います。2-5で見たように、電子殻に入っている電子が電子殻を脱出して自由電子になるためには外界からエネルギーを吸収しなければなりません（吸熱反応）。すなわち、陽イオンになるためには外界からのエネルギー補給が必要なのです。このエネルギーをイオン化エネルギーI_Eといいます。

　反対に自由電子が電子殻に入るときにはエネルギーが放出されます（発熱反応）。つまり、陰イオンになるときには外界にエネルギーを放出するのです。このエネルギーを電子親和力E_Aと言います

　図2は簡単化したものですが、この図ではI_EとE_Aの絶対値は等しくなっています。つまり簡単にいうと、同じ電子殻を考える場合には、I_EとE_Aの絶対値は等しいことになります。ただし、片方は吸収されるものであり、片方は放出されるものという、まったく逆の性質を持っています。

第 3 章 原子の電子構造

図1 イオン化

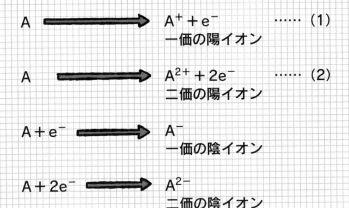

A ⟹ $A^+ + e^-$　……(1)
　　　　　一価の陽イオン

A ⟹ $A^{2+} + 2e^-$　……(2)
　　　　　二価の陽イオン

$A + e^-$ ⟹ A^-
　　　　　一価の陰イオン

$A + 2e^-$ ⟹ A^{2-}
　　　　　二価の陰イオン

図2 イオン化のエネルギー

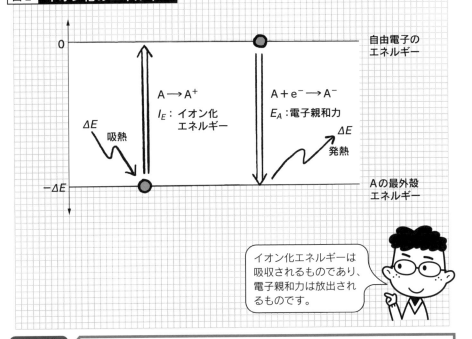

イオン化エネルギーは吸収されるものであり、電子親和力は放出されるものです。

ポイント
- 原子が電子を放出すると陽イオンとなり、獲得すると陰イオンとなる。
- 陽イオンとなるために要するエネルギーをイオン化エネルギー、陰イオンとなるときに放出するエネルギーを電子親和力という。

電気陰性度

原子には電子を引きつける性質があります。その性質の大小を表す指標が電気陰性度です。電気陰性度は簡単な概念ですが、その有用性には大変に高いものがあります。

1 イオン化と閉殻構造

先に閉殻構造は安定性が高いことを見ました。この結果、原子にはできるだけ閉殻構造をとって安定化しようという傾向が出てきます。

周期表の1族元素は最外殻に1個の価電子を持っています。ということは、この1個の電子を放出すれば、残りの部分は閉殻構造になることを意味します。ということで1族元素は1価の陽イオンになろうとする傾向があります。同様に、2族元素は2価の陽イオンになろうとします。

反対に、17族の元素は最外殻に1個分の空きがあります。ここに1個の電子を入れれば閉殻構造になります。ということで、17族元素は1価の陰イオンになろうとする傾向があります。同様に16族元素は2価の陰イオンになろうとする傾向があります。

つまり、周期表の右端にある元素は電子を引きつける傾向があり、左端の元素は電子を放出する傾向があることになります。

2 電気陰性度と周期表

イオン化エネルギー I_E と電子親和力 E_A は原子のイオン化する傾向の大小を計る目安になります。I_E の絶対値が大きいということは陽イオンになるのに大きなエネルギーを要することを意味します。つまり、陽イオンになり難いのです。反対に、E_A が大きいということは、陰イオンになるときに大きなエネルギーを放出することを意味します。つまり、陰イオンになりやすいのです。

ということは、I_E と E_A の絶対値の平均を作れば、原子の陰イオンになるなりやすさの尺度になることになります。このような考えで決められたのが電気陰性度です。電気陰性度は測定値ではありません。

図2は周期表に倣って電気陰性度を表したものです。右上方の元素ほど電気陰性度が大きいことがわかります。図に示した範囲ではフッ素Fが最大（4.0）でカリウムKが最小（0.8）です。水素H（2.1）と炭素（2.5）がほぼ中間です。この感覚は非常に重要です。

図1　周期表の右にある電気陰性度が高い元素ほど電子を引きつける

電気陰性度は原子が電子を引きつける度合いです。H＜C＜N＝CL＜O＜Fの順になります。

図2　電気陰性度

H 2.1							He
Li 1.0	Be 1.5	B 2.0	C 2.5	N 3.0	O 3.5	F 4.0	Ne
Na 0.9	Mg 1.2	Al 1.5	Si 1.8	P 2.1	S 2.5	Cl 3.0	Ar
K 0.8	Ca 1.0	Ga 1.3	Ge 1.8	As 2.0	Se 2.4	Br 2.8	Xe

- 周期表の右の原子は陰イオン、左の原子を陽イオンになりやすい。
- 原子が電子を引きつける能力は電気陰性度で表される。
- 電気陰性度は周期表の右上にいくほど大きくなる。

第4章
化学結合の種類

化学結合には原子を結合するものと分子を結合するものがあり、後者を分子間力という。原子を結びつける結合にはイオン結合、金属結合、共有結合などがある。

4-1 化学結合とは

原子と原子を結びつける力を（化学）結合といいます。原子は結合によって分子を作ります。結合にはいろいろの種類があり、それぞれに独特の特徴があります。

1 化学結合の種類

結合には多くの種類があります。図1は主な結合をまとめたものです。まず、原子間の結合と分子間の結合に分けることができます。普通に結合といわれるのは原子間の結合ですが、分子間に働く結合もあります。

イオン結合は陰陽のイオンを結びつける結合です。代表的な例はナトリウムイオン Na^+ と塩化物イオン Cl^- から塩化ナトリウム $NaCl$ ができるものです。

金属結合は金属原子を結びつける力で、鉄や金など、あらゆる金属原子の間で働いています。

2 共有結合の種類

共有結合は多くの有機物を作るもので非常に重要な結合ですが、これにもまたいくつかの種類があります（図2）。

まず重要なのは σ（シグマ）結合と π（パイ）結合です。σ 結合は強くて分子の骨格を作る結合です。それに対して π 結合は弱いですが、結合電子が動きやすいので分子に独特の性質や反応性を生じさせる重要な結合です。

σ 結合は単独で飽和結合（一重結合）を作りますが、その他に π 結合と一緒になって不飽和結合を作ります。不飽和結合には二重結合、三重結合、共役二重結合などがあります。

配位結合は共有結合と似た結合ですが、分子と分子、分子とイオン、分子と金属原子などを結びつける結合です。

3 分子間力の種類

分子間の結合は原子間の結合に比べて弱いので、結合というよりは引力と考えられることが多いようです。そのため、一般に分子間力といわれます。分子間力には水素結合、ファンデルワールス力、疎水性相互作用、$\pi\pi$ 相互作用（スタッキング）などがあります。現代化学で注目されている結合です。

第4章 化学結合の種類

図1 化学結合

```
    A ——結合—— B
  原 子   ∥   原 子
  イオン   力   イオン
  分 子   ∥   分 子
       エネルギー
```

図2 化学結合の種類（結合名）

	結合名				例
原子間結合	イオン結合				NaCl，MgCl$_2$
	金属結合				鉄，金，銀
	共有結合	σ結合	飽和結合	一重結合	水素，メタン
		π結合	不飽和結合	二重結合	酸素，エチレン
				三重結合	窒素，アセチレン
				共役二重結合	ベンゼン
分子間結合	配位結合				アンモニウムイオン
	水素結合				水，安息香酸
	ファンデルワールス力				ヘリウム，ベンゼン
	ππスタッキング				シクロファン
	電荷移動相互作用				電荷移動錯体
	疎水性相互作用				界面活性剤

分子間力は分子同士を結びつける引力です。普通の結合ほど強くはありませんが、現代化学で注目されている結合です。

- 結合には原子間に働くものと分子間に働くものがある。
- 共有結合にはσ結合とπ結合があり、それが組み合わさって二重結合、三重結合など、いろいろの結合ができる。

4-2 化学結合のエネルギー

結合にはいくつかの側面がありますが、重要なものにエネルギーがあります。結合のエネルギーは結合の強弱を直接的に表す尺度です。結合のエネルギーとは、どのようなことでしょう。

1 結合エネルギーの発生

化学結合は原子や分子を結びつける"力"ですから、その本質はエネルギーです。結合のエネルギーを結合エネルギーといいます。

図1は2個の原子A、Bが結合して分子A–Bとなる反応のエネルギー変化を表したものです。出発系の原子状態よりも生成系の分子状態の方が低エネルギーで安定です。したがって結合ができる反応、すなわち分子ができる反応は発熱反応なのです。

そして、この反応によって放出されたエネルギーΔEを結合エネルギーといいます。結合エネルギーの大きいものほど強固な結合ということができます。

反対に分子A–Bの結合を切断して原子AとBにするためには、外部からΔEを供給しなければなりません。これを結合切断エネルギーといいます。ですから結合エネルギーと結合切断エネルギーは本質的に同じことになります。

2 結合エネルギーの大小

結合には強いものも弱いものもあります。それは結合エネルギーに現れます。

図2は主な結合の結合エネルギーを種類ごとに分類して示したものです。

一般に強度は、

   分子間力≪一重結合≦イオン結合≦二重結合＜三重結合

の傾向があります。分子間力は一般に非常に弱い結合です。水素結合は中でも強いことで知られますが、それでも水の場合で18kJ/molに過ぎません。イオン結合は結合する原子の間で電気陰性度が大きく異なるほど強くなっています。後に見るように、二重結合、三重結合だからといって2本、3本の結合で結ばれているわけではありませんが、一重結合に比べてπ結合が加わる分だけ結合も強くなり、結合エネルギーも大きくなっています。

第4章 化学結合の種類

図1 結合エネルギーの発生

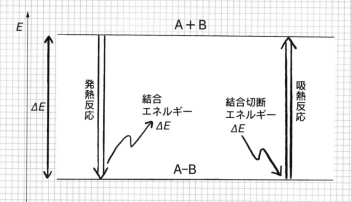

図2 結合エネルギーの強度

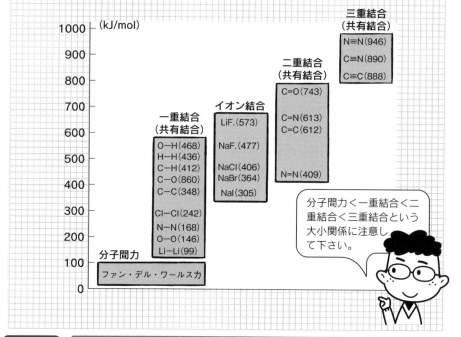

分子間力＜一重結合＜二重結合＜三重結合という大小関係に注意して下さい。

ポイント
- 結合生成は発熱反応であり、切断は吸熱反応である。
- 結合の強度は概ね「分子間力＜＜一重結合≦イオン結合≦二重結合＜三重結合」である。

047

4-3 イオン結合

イオン結合は陽イオンと陰イオンを結合させる力であり、塩化ナトリウム NaCl を作る結合としてよく知られています。しかし、NaCl という二原子分子は存在しないのです。

1 無方向性と不飽和性

　ナトリウム Na と塩素 Cl の電気陰性度はそれぞれ0.9、3.5であり、圧倒的に Cl の方が大きいです。そのため、Na と Cl を反応させると、電子が Na から Cl に移動し、ナトリウムイオン Na^+ と塩化物イオン Cl^- になります。

　プラスの電荷とマイナスの電荷の間には静電引力が働くので、Na^+ と Cl^- は静電引力によって互いに引き合うことになります。これがイオン結合の本質です。

　ところで、静電引力はマイナス電荷の周りに何個のプラス電荷があろうと、距離さえ同じなら、全ての間で同じ大きさで発生します。これを不飽和性といいます。また、どの方向にいようと強さに違いはありません。これを無方向性といいます（図1）。この不飽和性と無方向性は後に見る共有結合に比べて非常に大きな違いになります。

2 イオン結晶

　イオン結合でできた化合物が作る結晶をイオン結晶といいます。図2は塩化ナトリウムの結晶です。Na^+ と Cl^- が整然と並んでいます。ところで、このなかに、NaCl という二原子からできた粒子、すなわち NaCl 分子を指摘することができるでしょうか？

　塩化ナトリウムは強いていえば $Na_\infty Cl_\infty$ のような物質であり、NaCl という二原子分子からできているわけではないのです。

　図3は NaCl 結晶に力を加えて、結晶をずらして変形させた様子を表したものです。ずらす前には＋と－が向き合っていましたが、ずらすと＋と＋、－と－が向き合います。これでは静電反発が働いて非常に不安定になります。

　このため、イオン結晶は硬くて変形しにくいのです。これは次節で見る軟らかい金属結晶と比べて大きな違いです。

第4章 化学結合の種類

図1 静電引力

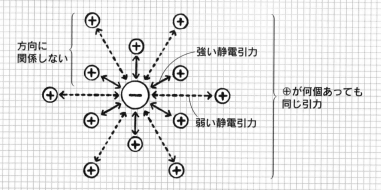

図2 塩化ナトリウム（NaCl）のイオン結晶

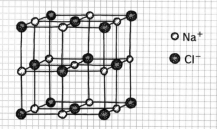

図3 結晶をずらすと静電反発が働く

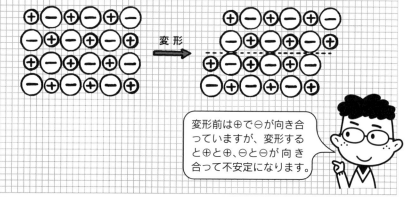

変形前は⊕で⊖が向き合っていますが、変形すると⊕と⊕、⊖と⊖が向き合って不安定になります。

ポイント
- イオン結合の本質は静電引力である。
- イオン結合には不飽和性と無方向性がある。
- イオン結晶中にはイオン結合からできた分子に相当する粒子はない。

049

金属結合

金属結合は金属原子を結合する力です。金属は身の回りのありふれた固体物質の一種ですが、その性質は他の固体と違っています。その違いを演出するのが金属結合なのです。

1 金属結晶

金属は塊ですが、顕微鏡で見ると多くの結晶の集合体であることがわかります。このような物質を一般に多結晶といいます。そして、多結晶を構成する単位結晶を単結晶といいます。

単結晶には金属の単位結晶のように小さいものもあれば大きいものもあります。宝石用のダイヤモンドは1個が1個の単結晶です。氷屋さんで売っている透明な氷の塊は巨大単結晶の良い例です。これを砕いて不透明になったカキゴオリは多結晶の例になります。

金属にはイオン結合の物質と同じように分子という単位粒子が存在しません。イオン化合物と同じように、金属は無数の金属原子 M^{n+} が集まって結合しているのです。その意味で金属分子を考えるとしたら M_∞ のようなものになるでしょう。

2 自由電子

金属原子 M は結合を作るときに、n 個の価電子を、(自由電子として) 全て放出して n 価の金属陽イオン M^{n+} となります (図1)。これは先に見た、原子に属さない電子の自由電子と同じ名前ですが実態は異なりますので、注意してください。

M^{n+} は三次元に渡って整然と積み重なり、金属結晶の骨格を作ります。しかし、球がいくら整然と積み重なっても大きな空きスペースが存在します。自由電子はこの空きスペースを埋めるようにして存在します (図2)。

すると、プラスに荷電した金属イオンの周囲をマイナスに荷電した電子が埋めることになるので、プラス電荷とマイナス電荷の間に静電引力が発生します。

簡単にいえば、木製の球 (金属イオン) を水槽に積み上げ、その間に木工ボンド (自由電子) を入れたようなものです。金属イオンは自由電子を"糊"として結合します。これが金属結晶の本質です。この"糊"がどの金属原子にも属さないというのが自由電子の意味です。

第4章 化学結合の種類

図1 金属原子Mの自由電子の放出

$$M \longrightarrow M^{n+} + ne^-$$

金属原子　　金属イオン　　自由電子

> 固体金属には、結晶状態のほかに非晶質固体といわれるアモルファス状もあります。これは液体が流動性を失ったような状態です。

図2 自由電子は空きスペースを埋める

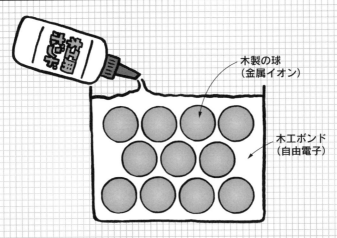

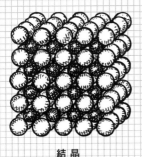
結晶

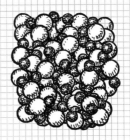
アモルファス

ポイント

- 金属原子は結合するとき、全ての価電子を自由電子として放出する。
- 金属イオンが結晶の骨格を作り、その周囲を自由電子が囲む。
- プラスの金属イオンが、マイナスの自由電子を"糊"として結合する。

4-5 金属結合の性質

自由電子は金属原子（イオン）を結合するだけではありません。金属の三大性質である、展性・延性、高伝導性、金属光沢の原因となっています。つまり、金属の金属たる所以（ゆえん）は自由電子にあるのです。

1 展性・延性

金属の大きな特徴は軟らかくて変形しやすいということです。金属が延びて針金になる性質を延性、叩くと金属箔になる性質を展性といいます。1gの金は延ばすと2800mになるといいます。

図1は金属結晶の模式図です。金属イオンと自由電子からできています。プラスに荷電した金属イオンの間にはマイナスに荷電した自由電子が存在して静電反発を和らげています。これに変形を加えたのが右図です。実体は変わりません。金属イオンの間には相変わらず電子雲が存在しています。このため変形が楽にできるのです。先に見た金属イオンの場合と比較すると違いがよくわかります。

2 伝導度

電流は電子の流れです。金属の伝導度が高いのは大量の自由電子が存在し、それが電圧によって流れる（移動する）ことができるからです。自由電子が移動しやすければ高伝導性、移動しにくければ低伝導性です。

金属の自由電子は金属イオンの脇をすり抜けるようにして移動します。金属イオンが騒げば移動しにくくなります。つまり、高温になって金属イオンの振動が激しくなると伝導度は落ちます（図2）。ということで、金属の伝導度は低温で大きくなります。つまり電気抵抗が小さくなります。

そして絶対温度数度という臨界温度 T_c になると、突如伝導度無限大、電気抵抗0となります。この状態を超伝導状態といいます（図3）。超伝導状態ではコイルに発熱なしに大電流を流すことができるので、超強力な電磁石を作ることができます。これを超伝導磁石と呼び、リニア新幹線で車体を電磁反発で浮かすことなどに利用されています。

3 金属光沢

自由電子は互いの静電反発のために、金属結晶の表面に浮いてきます。電子は光を構成する光子を反発する性質があります。そのため、金属はその表面で光を反射して金属特有の光沢を持つのです。

第4章 化学結合の種類

図1 金属の展性と延性

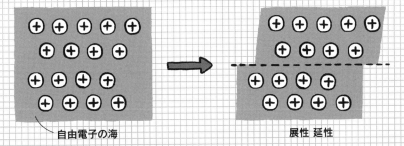

自由電子の海　　　　　　　展性 延性

図2 金属の伝導度は低温で大きくなる

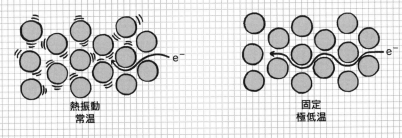

熱振動　　　　　　　　　　固定
常温　　　　　　　　　　　極低温

図3 超伝導状態

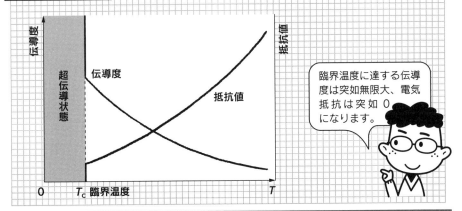

臨界温度に達する伝導度は突如無限大、電気抵抗は突如0になります。

ポイント
- 自由電子は金属結合を作るとともに、金属の性質を作る。
- 延性展性は自由電子が金属イオンの電荷の緩衝剤になることによる。
- 伝導度は自由電子が移動できることによる。

4-6 共有結合の本質

共有結合は最も重要な結合であると同時に、最も化学結合らしい結合ということができるでしょう。それだけにいろいろと複雑な面もあります。ここでは共有結合の基本を見ていくことにしましょう。

1 軌道の重なりと分子軌道

共有結合で成り立つもっとも簡単な分子は水素分子 H_2 です。その成り立ちを見ていきましょう。

まず、2個の水素原子 H が互いに近づいていきます。各水素原子には1個の原子核と1個の不対電子が存在し、不対電子は1s軌道に入っています。2個のHが近づくと、互いの1s軌道が接触し、やがて重なります。

すると2個の1s軌道は消失し、代わりに2個の原子核の周りを囲む新しい軌道ができます（図1）。

この新しい軌道は水素分子という分子に属する軌道なので、一般に"分子軌道"といわれます。それに対して1s軌道、2p軌道などは原子に属する軌道なので一般に原子軌道といわれます。

2 結合電子の共有

分子軌道ができると、それまで2個の水素原子に属していた合計2個の不対電子は、分子軌道に入ります。つまり、2個の電子は2個の水素原子核の周囲に存在することになります。このような電子を結合電子（雲）といいます。

結合電子雲は2個の水素原子核の周囲、特に原子核の間の領域に存在します。この結果、2個の水素原子核の間には結合電子雲の濃い"糊"ができます。このマイナスに荷電した"糊"は先に金属結合で見た自由電子と同じように、2個のプラスに荷電した水素原子核を"接着"します。これが共有結合の本質といってよいでしょう（図2）。

この様子は、2個の水素原子が互いに自分の不対電子を1個ずつ出し合い、それを共有することによって結合しているとみなすことができるでしょう。そのため、この結合を共有結合というのです。

共有結合は中が悪い夫妻（2個の原子核）でも、離婚しないでいるのと似ています。それは子供（2個の結合電子）がいるからです。昔から「子はカスガイ」というとおりです（図3）。

第4章 化学結合の種類

図1 原子軌道と分子軌動

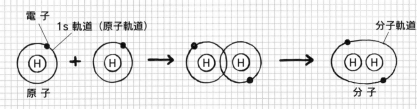

図2 結合電子雲

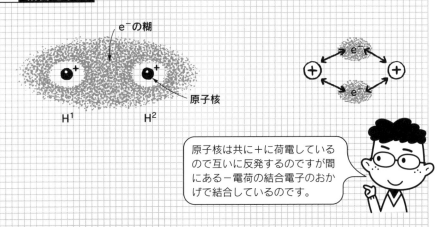

原子核は共に＋に荷電しているので互いに反発するのですが間にある－電荷の結合電子のおかげで結合しているのです。

図3 共有結合と電子の共有

- 共有結合では結合する2個の原子核を囲む分子軌道ができる。
- 原子の不対電子は分子軌道に入って結合電子となる。
- 結合電子が糊となって2個の原子核を接着し、結合する。

4-7 共有結合のイオン性

次章から共有結合の個々の例を見ていきますが、共有結合にはそれが生成するための重要な条件や、特殊な性質があります。ここではそのようなものを見ておきましょう。

1 不対電子数と結合手

　共有結合は2個の原子が握手によって結合したものとみることができます。二個の原子が互いに1本ずつの手を出し合って結合するのです。この手を"結合手"と呼ぶことにしましょう。すると、各原子が差し出す1本の結合手は1個の不対電子であることがわかります。

　この例からわかるとおり、共有結合を生成するには不対電子が必要なのです。そして、もし不対電子が2個あったら2本の共有結合を作ることができます。図1に主な原子の電子配置、不対電子数、結合手の本数を示しました。18族元素は不対電子がないので共有結合はできません。一方、炭素は不対電子は2個なのに、4本の共有結合を作ることができます。これについては次章で見ることにします。

2 共有結合のイオン性

　結合電子雲は2個の原子の間に紡錘形になって存在すると考えることができます。図2は水素分子の様子です。結合電子雲は左右対称です。フッ素分子F_2も同様です。

　ところがフッ化水素分子HFでは結合電子雲がF側に大きく偏っています。これは電気陰性度の違いによるものです。電気陰性度の大きいFが結合電子雲を自分の方に引き寄せたのです。この結果、フッ素は電子が多くなったので幾分マイナスに荷電します。反対に水素は幾分プラスに荷電します。この"幾分"をδ(デルタの小文字)で表します(図3)。そしてこのような電荷を部分電荷と呼びます。またこのように共有結合がイオン性を帯びることを結合分極といい、このような結合を持った分子を極性分子といいます。

　この現象は共有結合にイオン結合が混じったものと考えることができます。

　図4は結合する原子間の電気陰性度の差と、イオン結合性の割合を表したものです。差が0なら完全共有結合、差が3なら完全イオン結合で、それ以外は両者の中間ということを表しています。

第4章 化学結合の種類

図1　主な原子の不対電子数と結合手本数

原子	H	B	C	N	O	F
電子配置						
不対電子数	1	1	2	3	2	1
結合手本数	1	3	4	3	2	1

図2　水素分子とフッ素分子の結合電子雲

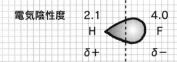

図3　フッ化水素分子（HF）の結合電子雲

電気陰性度　2.1　　4.0
H　F
$\delta+$　$\delta-$

図4　結合する原子間の電子陰性度の差とイオン結合性の割合

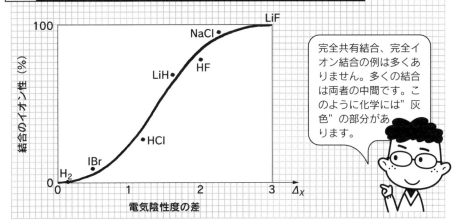

完全共有結合、完全イオン結合の例は多くありません。多くの結合は両者の中間です。このように化学には"灰色"の部分があります。

- 原子は不対電子の個数だけ共有結合を作ることができる。
- 電気陰性度の異なる原子の共有結合にはイオン性が混じる。
- この現象を結合分極、このような結合を持った分子を極性分子という。

057

第5章
σ結合とπ結合

共有結合で重要なのはσ結合とπ結合です。σ結合は回転可能、π結合は回転不可能です。一重結合はσ結合のみの結合、二重、三重結合はσ結合とπ結合が組み合わされた結合です。

σ結合とは

共有結合にはいろいろな種類があり、しかもその分類が階層になっているので、複雑です。しかし基本はσ結合とπ結合です。ここで基本を見ておきましょう。

1 s軌道の作るσ結合

前章で水素原子が水素分子を作る過程を見ました。結合電子雲は2個の原子核を結ぶ線、結合軸上に存在しました（図1）。このH–H結合が典型的なσ結合です。ナンダ、当たり前の結合でないか、と思うかもしれません。そのとおりです。でも、次節で見るπ結合と比較すると、σ結合もそれなりに特色のある結合だということがわかるでしょう。

2 p軌道の作るσ結合

p軌道もσ結合を作ります。p_x軌道に不対電子を持つ2個の原子Aがx軸上で互いに近づいたとしましょう。ある程度近づくと互いのp_x軌道が接し、さらに軌道の重なりが起きます。まるで2本のみたらし団子が串で互いに突き刺し合うようなものです。結合電子雲は水素の場合とまったく同様に、A–Aの結合軸上に紡錘形になって存在します。

3 σ結合の性質

σ結合の特色は、結合ができる際の原子軌道の重なりが、次節で見るπ結合に比べて大きいということです。重なりが大きいということは結合が強いということを意味します。つまり、σ結合はπ結合より強い結合なのです。

もう一つの特色は結合電子雲が紡錘形であることに由来します。結合A–Aの片方のAを固定し、もう片方を回転してみましょう。要するに結合を捩るのですが、化学ではこの操作を結合回転といいます。σ結合の電子雲は軸対称の紡錘形ですから、結合回転によって影響を受けません。すなわち、σ結合は結合回転が可能なのです。これはπ結合と決定的に異なることです。

σ結合は強い結合なので分子の骨格を作ります。σ結合でできた骨格をσ骨格ということがあります。σ結合は普通1本の直線で表します。要するに一重結合の表示です。

第5章 σ結合とπ結合

図1 H-H結合

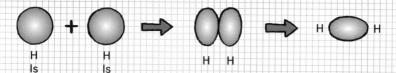

図2 p軌道が作るσ結合

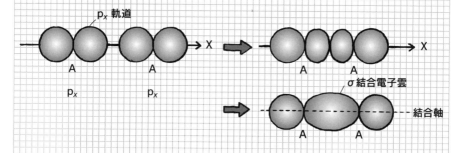

図3 結合回転

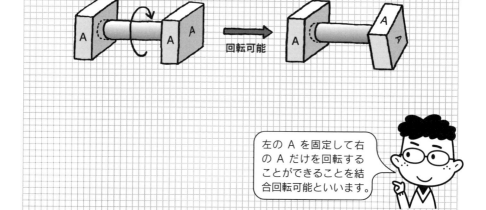

左のAを固定して右のAだけを回転することができることを結合回転可能といいます。

- σ結合はs軌道もp軌道も作ることができる。
- σ結合は原子軌道の重なりが大きくて強い。
- σ結合の結合電子雲は紡錘形なので、σ結合は結合回転できる。

π結合とは

π結合は単独では存在できない結合です。σ結合とセットになって二重結合や三重結合などの不飽和結合を形成します。しかし、分子の性質や反応性に大きく影響します。

1 π結合の生成

p_z 軌道に不対電子を持つ2個の原子 A が、x 軸上を動いて互いに近づいたとしましょう。肝心な点は前節と違って、2個の p 軌道が互いに平行になって近づくということです。

やがて、x 軸の上下にあるみたらし団子のお団子が接し、重なります。この様子は皿の上に並べられた2本のみたらし団子が、互いの横腹をくっつけて接着されるような関係です。これがπ結合です（図1）。

したがって、2個の p 軌道の接着部は結合軸の上下に現れます。この接着部が結合電子雲になるので、π結合の結合電子雲は結合軸の上下2か所に表れることになります。大切なことはこの2個の結合電子雲が揃って初めてπ結合になるということです。上だけで半本分、とか下だけで半本分ということはありません。

2 π結合の性質

π結合の性質はσ結合と比較するとよくわかります。

①強度

図はσ結合ができるときの p 軌道の重なりと、π結合ができるときの重なりを、原子間の距離を等しくして示したものです。σ結合ではお団子1個分がまるまる重なっています。それに対してπ結合ではお団子が互いに触れ合っているだけです（図2）。つまり、π結合はσ結合より弱い結合なのです。

②結合回転

π結合電子雲は結合軸の上下に2本に分かれて存在します。この結合を回転（捩る）させたらどうなるでしょう？結合電子雲は捩れて切断されてしまいます。つまり、π結合は回転できないのです（図3）。回転可能なσ結合に比べて回転できないのはπ結合の大きな特徴です。これは後に見る二重結合の性質に大きく影響することになります。

第5章 σ結合とπ結合

図1 π結合

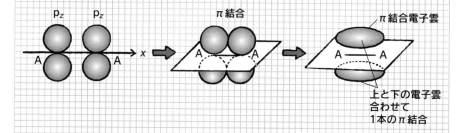

図2 σ結合とπ結合の重なり

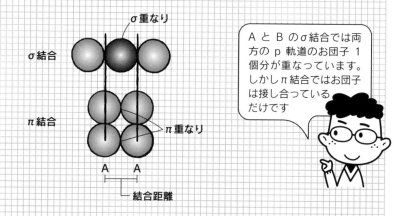

AとBのσ結合では両方のp軌道のお団子1個分が重なっています。しかしπ結合ではお団子は接し合っているだけです

図3 π結合は回転できない

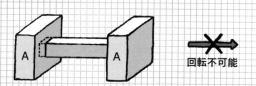

ポイント
- π結合は平行な2本のp軌道の間でできる結合である。
- π結合の結合電子雲は結合軸の上下に分かれて2本ある。
- π結合はσ結合より弱く、かつ回転できない。

5-3 一重結合

共有結合でもっともよく知られた結合は一重結合（単結合）でしょう。水素原子を H–H と書いた場合の"－"は一重結合を表す記号です。一重結合はσ結合からできています。

◪ s-s 軌道間σ結合

　一重結合（単結合）はσ結合からできています。というより、一重結合＝σ結合といった方がわかりやすいかもしれません。これ以外の一重結合、例えばπ結合からできた一重結合というものは存在しません。

　σ結合にはいろいろの種類がありますが、基本は水素分子の結合すなわち、2個の1s軌道からできたものでしょう。

　しかし1s軌道と2s軌道からできた一重結合もあります。それは水素化リチウム LiH の結合です。これは H の1s軌道と Li の2s軌道の間にできる結合です。1s軌道と2s軌道ですから、2s軌道の方が半径が大きくなりますが、それ以外は水素分子の場合とまったく同じです。

　H と Li の電気陰性度は2.1と1.0ですから、H の方が大きいです。ということはこの結合は分極しており、Li がプラス、H がマイナスに荷電していることを示しています。H はプラスに荷電するとものと考えがちですが、金属と結合するときにはマイナスに荷電するのです。

◪ s-p 軌道間σ結合

　フッ素 F の不対電子は2p軌道に入っています。したがって F が結合するときには p 軌道を用います。もちろん H は1s軌道を用います。したがってフッ化水素 HF のσ結合は H の s 軌道と F の p 軌道からできることになります。F と H の電気陰性度の差は2近くもありますから、この結合は大きく分極し、イオン結合に近いものであろうと推測できます。

　そのため HF の H は H^+ として外れやすく、その結果、フッ化水素は強い酸（フッ化水素酸）です。

◪ p-p 軌道間σ結合

　先の節で見たとおりです。例としてはフッ素分子 F_2 をあげることができます。不対電子の入ったフッ素の p 軌道が互いに重なってσ結合となります。

第5章 σ結合とπ結合

図1 水素化リチウム（LiH）、フッ化水素（HF）、フッ素分子（F_2）のσ結合

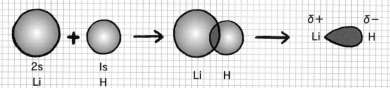

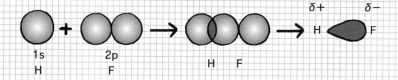

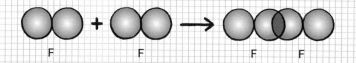

図2 F_2の仮想的な結合

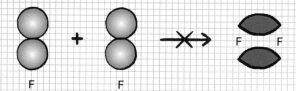

もし2個のF原子が図2のように近づいたら、π結合だけでできたF_2分子ができそうなものですが、そのような結合は存在しません。π結合だけでは2個の原子をつなぎ留めておくほど大きな力になれないのです。

- 一重結合はσ結合からできている。
- 一重結合はs-s、s-p、p-p軌道間などに形成される。
- 一重結合の極性は結合を構成する原子の電気陰性度で決まる。

5-4 二重結合

二重結合はσ結合とπ結合とで二重に結合した結合です。二重結合は単に強度が強いだけでなく、π結合が関与することによって、σ結合にはない性質が加わります。

1 二重結合の生成

　二重結合をしている代表的な分子は酸素分子 O_2 です。酸素原子 O の電子配置を図1に示しました。O には不対電子が2個あり、それが入っているのは2個の2p軌道です。ということは、酸素は2個の2p軌道、p_x、p_y 軌道を使って2本の共有結合を作ることができるということです。

　図2は2個の酸素原子が x 軸上を動いて互いに近寄る様子を模式的に表したものです。原子が近づくとまず x 軸方向で突出している p_x 軌道同士の間に重なりができ、σ結合が生成されます。更に近づくと p_z 軌道同士の間に重なりができ、π結合ができます。

2 二重結合の内容

　このようにして最終的に p_x 軌道の重なりによるσ結合と、p_z 軌道の重なりによるπ結合という、まったく異なる2本の結合ができあがることになります。これが二重結合なのです。すなわち、二重結合は決して同じ2本の結合によってできた結合ではないのです。σ結合とπ結合という、まったく性質の異なる2本の結合によってできた結合、それが二重結合なのです。

3 二重結合の性質

　σ結合とπ結合という互いに異なる2本の結合からできた二重結合は当然ながら、σ結合とπ結合、両方の性質を持つことになります。

①結合強度

　強いσ結合に弱いとはいうもののπ結合が加わりますから、強度は一重結合より強くなります。ということは結合距離、要するに原子間距離も一重結合よりは短くなります。結合エネルギーも大きくなります。

②結合回転

　先に見たようにπ結合は回転できませんでした。ということは二重結合も回転できないことになります。これは酸素分子の場合には問題になりませんが、後に見る有機化合物では大きな問題になります。

第5章 σ結合とπ結合

図1 酸素原子（O）の電子配置

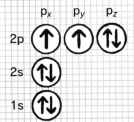

図2 酸素原子の二重結合

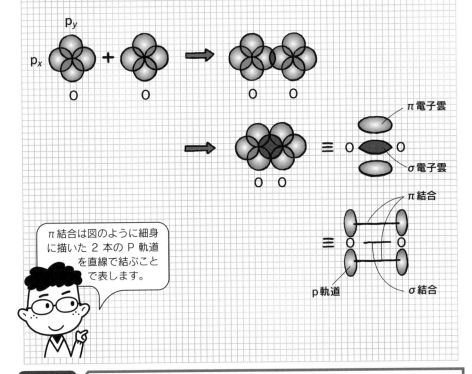

π結合は図のように細身に描いた2本のP軌道を直線で結ぶことで表します。

ポイント
- 全ての二重結合はσ結合とπ結合からできている。
- 二重結合は一重結合より強く、結合距離も短い。
- π結合が回転できないので二重結合も回転できない。

三重結合

三重結合は1本のσ結合と2本のπ結合とによって三重に結合された結合です。そのため、結合エネルギーは大きく、結合距離も短くなります。青酸カリKC≡Nやアセチレン HC≡CH に含まれます。

1 三重結合の生成

三重結合を持つ代表的な化合物で、かつ構造が単純なものは窒素分子 N_2 です。ここではこの分子の結合状態を見ることによって三重結合の本質をさぐってみましょう。

窒素原子 N の電子配置は図1のとおり、3個の2p軌道いずれにも不対電子が入っています。ということは N は P_x、P_y、P_z の3個の軌道を使って3本の共有結合を作ることができるということです。

図2は2個の窒素原子が x 軸上を近づいている様子を表したものです。前節の酸素分子の場合とまったく同じです。まず p_x 軌道同士が重なってσ結合が現れます。さらに近づくと p_y 軌道同士、p_z 軌道同士が近づいてそれぞれがπ結合に成長していきます。

2 三重結合の内容

この結果、2個のN原子は1本のσ結合と2本のπ結合によって結合されるのです。この結合、つまりσ+π+π結合を三重結合といいます。三重結合にはこれ以外の結合はありません。σ+σ+σだとかσ+σ+πだとか、π+π+πだとかいう結合は存在しません。

三重結合をミタラシ団子の形で書いていたのでは図が複雑になります。そこで簡便のため、p軌道を細身に書き、π結合はその軌道を直線で結ぶことにします。このようにすると、結合の内容が驚くほどよくわかります。

3 三重結合の性質

三重結合は三種類の結合電子雲によってできています。つまり、結合軸上にあるσ結合電子雲、結合軸の上下にある2個、および左右にある2個のπ結合電子雲です。

電子雲はその言葉の通り雲のようなものであり、適当に流れ、漂います。その結果、4個のπ結合電子雲は互いに"流れ寄り"、円筒状の結合電子雲になるといわれています。わかりやすい説明です。

第5章 σ結合とπ結合

図1 窒素原子（N）の電子配置

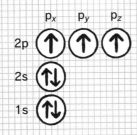

P$_x$軌道はσ結合を作りP$_y$、P$_z$軌道はπ結合を作ります。この結果、N$_2$分子はσ＋π＋πという三重結合で結合することになります。

図2 窒素原子の三重結合

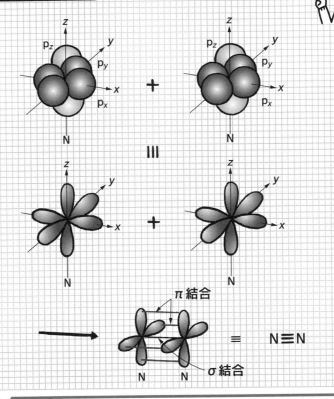

- 全ての三重結合はσ＋π＋π結合からできている。
- 三重結合の結合エネルギーは一重、二重結合より大きく、その結合距離は一重、二重結合より短い。

069

第6章
sp³混成軌道

1個のs軌道と3個のp軌道からできた混成軌道がsp³混成軌道です。軌道間角度、すなわち結合角度は109.5°となります。メタン、アンモニア、水など、多くの化合物があります。

6-1 混成軌道とは

原子、特に炭素原子の結合を考えるには混成軌道を用いると便利です。混成軌道というのはs軌道、p軌道という旧来の原子軌道のいくつかを原料として新たに再編成した新規な軌道のことをいいます。

1 軌道の混成

　混成軌道とは、複数種類、複数個の原子軌道を再編成（混成）して新たな再編成軌道（混成軌道）を作ることです。

　混成軌道の説明にはハンバーグを用いるのが一番わかりやすいようです。ここもその説明でいきましょう。

　ブタ肉のハンバーグの価格を1個100円としましょう。ところが松坂牛肉使用のハンバーグが300円だったとします。4人家族のオカーサンはダイフンパツして松坂ハンバーグを4個買いたかったのですが、売り切れていて3個しかありませんでした。仕方なく、松坂ハンバーグ3個と豚肉ハンバーグ1個を買いました。

　働いて帰ってきたオトーサンにだけ豚肉ハンバーグを食べさせるのも気が引けます。そこで、家でこの4個を混ぜ、捏ね直した後に4等分して4個の合挽きハンバーグにしました。何も知らないオトーサンも喜んでたべました。トサ。

　もちろん、ブタ肉ハンバーグがs軌道、松坂ハンバーグがp軌道です。そして合挽きハンバーグが混成軌道です（図1）。これはs軌道が1個、p軌道が3個からできた混成軌道なのでsp^3混成軌道といわれます。

2 混成軌道のエネルギーと形

　ここでクイズです。合挽きハンバーグ1個の価格はいくらでしょうか？もちろん$(300 \times 3 + 100)/4 = 250$で1個250円です（図2）。バカバカしいようですが、ハンバーグの価格は各軌道のエネルギーを反映しています。つまり、混成軌道の軌道エネルギーは軌道混成に関与した原料軌道の軌道エネルギーの（加重）平均なのです。

　合挽きハンバーグは混成原料を4等分したのですから、重さは4個みな同じです。また、形も一応ハンバーグですから全て同じです。このたとえは混成軌道にも当てはまります。sp^3混成軌道は4個あり、全て同じ形で同じエネルギーなのです。

第6章 sp³混成軌道

図1　軌道の混成をハンバーグにたとえると…

上のたとえは簡単ですが混成軌道の本質を明らかにしています。つまり
① 混成軌道の個数は原料軌道と同じ
② 混成軌道のエネルギーは原料軌道の平均
③ 混成軌道の形は全て同じ
ということです。

図2　ハンバーグの価格をエネルギーにたとえると…

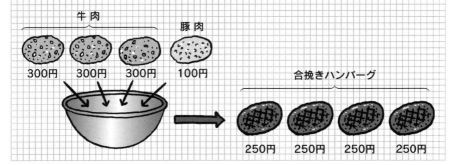

ポイント
- 混成軌道は原子軌道を再編成した軌道である。
- 混成軌道の個数は原料軌道の個数に等しい。
- 混成軌道のエネルギーは原料軌道エネルギーの（加重）平均値である。

sp³混成軌道

sp³混成軌道は1個の2s軌道と3個の2p軌道からできた混成軌道です。この軌道は多くの有機化合物の骨格を作る重要なものです。どのようにしてできるのか見ていきましょう。

1 L殻軌道による混成軌道

　原理的には全ての原子軌道が混成軌道を作ることができます。そのため混成軌道には、それを作る原子軌道の種類や個数に応じて多くの種類があります。

　しかし基本になるのはL殻の原子軌道、すなわち2s、2p軌道を用いたものです（図1）。この種類の混成軌道を作るのは周期表の第2周期の元素、すなわちベリリウムBe、ホウ素B、炭素C、窒素N、酸素Oなどです。そのため、この混成軌道は全ての有機化合物だけでなく、多くの無機化合物をも作る重要な混成軌道です。

　このような混成軌道としてはsp^3、sp^2、spの三種類があります。いずれも重要なものです。記号は小文字で書き、右肩に着いた添え字の数字は、混成軌道に関与するp軌道の個数を表します。

2 sp³混成軌道の形とエネルギー

　sp³混成軌道は1個の2s軌道と3個の2p軌道、すなわちL殻にある原子軌道全部を使ってできた軌道です。先に見た混成軌道の原理にしたがって、混成軌道は原料軌道と同じ個数、つまり4個でき、その形は全て同じです。それは図2に示したように、野球のバットを太くしたようなものです。

　混成軌道のエネルギーは4個の原料軌道の平均です。つまりs軌道より高エネルギーであり、p軌道より若干低エネルギーです。三種の混成軌道と原料軌道のエネルギー関係を図3に示しました。

　sp³混成軌道の4個の混成軌道は独特の方向を向きます。それはこの4個の軌道で全空間を等しくカバーしようとするためのもので、互いに109.5度の角度を保ちます。これは原子核を体心として、各混成軌道が正四面体の頂点方向を向くというものです。この角度は分子の形を考える場合に非常に重要になります。

第 6 章　sp³混成軌道

図1　混成軌道の例

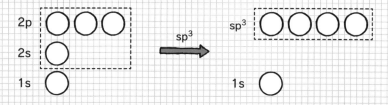

図2　sp³混成軌道の形

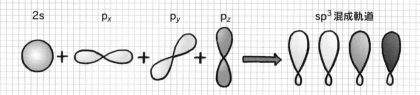

図3　三種の混成軌道のエネルギー　　図4　混成軌道の向き

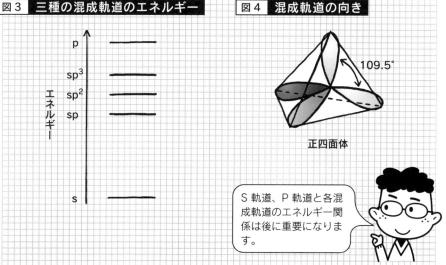

正四面体

S軌道、P軌道と各混成軌道のエネルギー関係は後に重要になります。

- L殻軌道を使った混成軌道には sp³、sp²、sp の三種の混成軌道がある。
- 記号の右肩の添え字は混成軌道に関与した p 軌道の個数である。
- C は 4 個の混成軌道に 4 個の電子を入れるので不対電子が 4 個になる。

6-3 メタン CH₄ の結合

メタン CH_4 の炭素は sp^3 混成状態です。メタンでは炭素の4個の sp^3 混成軌道に4個の水素の1s軌道が重なり、共有結合を作って結合します。そのため、4本のC–H結合間の角度は109.5度となります。

1 sp³混成状態の炭素

　図1は炭素について基底状態と sp^3 混成状態の電子配置を比べたものです。混成軌道状態では2s軌道と2p軌道が消失し、代わりに4個の sp^3 混成軌道が現れています。

　重要なのは電子配置です。4個の混成軌道にL殻の4個の電子が1個ずつ入り、4個の不対電子ができています。これは先に見た電子配置の約束の④（3-1節参照）に従った結果です。つまり、「軌道エネルギーの総和が等しければスピン方向が揃った方が安定」という約束です。

　この結果、炭素は基底状態では不対電子電が2個なのに結合状態では4個となり、4本の共有結合を作ることができるようになるのです。炭素の結合手が4本というのはこのような理由によるのです。

2 メタンの結合

　メタンではCの4個の sp^3 混成軌道にHの1s軌道が重なります。Cの混成軌道に入っている1個の電子とHの1s軌道の1個の電子が一緒になって結合電子になるので、この結合は共有結合であり、σ結合ということになります。

　この結果、C–H結合の角度は混成軌道の角度と同じ109.5度となり、メタンの形は正四面体形となります。これは海岸に並ぶ波消しブロックのテトラポッドに似た形です（図2）。

　メタンの2個のHを塩素原子Clに置き換えた分子 CH_2Cl_2 を考えてみましょう。もし、メタンの形が正四面体形でなく、座布団のような正方形だったとしたら、この分子の構造はA型とB型の2種類があることになります。このように、分子式が同じで構造（式）が異なる分子を互いに異性体といいます。

　しかし CH_2Cl_2 は塩化メチレンという実在の分子であり、ただ1種類しかありません。これはこの炭素が sp^3 混成軌道であることの証明になります。

第6章 sp³混成軌道

図1 炭素の基底状態と混成状態

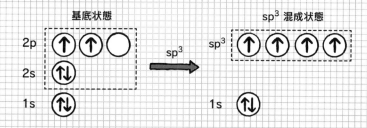

図2 メタンの結合（共有結合）

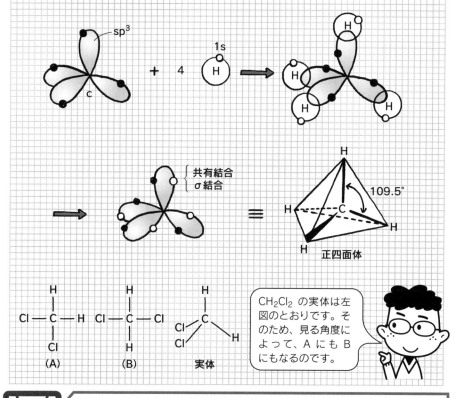

CH$_2$Cl$_2$ の実体は左図のとおりです。そのため、見る角度によって、A にも B にもなるのです。

ポイント
- 混成状態の炭素には不対電子が4個現れる。
- そのため、炭素は4本の共有結合を作ることができる。
- sp³混成状態の炭素が作る結合の角度は109.5度である。

077

6-4 アンモニア NH_3 とアンモニウムイオン NH_4^+ の結合

アンモニア分子 NH_3 に水素イオン H^+ が結合するとアンモニウムイオン NH_4^+ になります。窒素原子 N の不対電子は 3 個しかありません。それがなぜ 4 個の H と結合することができるのでしょうか。

1 アンモニアの NH_3 の結合

アンモニア NH_3 の窒素原子 N は sp^3 混成軌道を作っています。その電子配置は図 1 のとおりです。つまり、4 個の sp^3 混成軌道に L 殻の 5 個の電子が入るので、1 個の混成軌道には 2 個の電子が入ってしまいます。これは先に見た非共有電子対です。

残り 3 個の軌道には電子が 1 個ずつ入り、不対電子となります。したがって N は 4 個の sp^3 混成軌道のうち、共有結合の作製に使うことができるのは 3 個だけとなります。

図 2 は NH_3 の結合状態を表したものです。N の 4 個の混成軌道のうち 1 個は非共有電子対となり、残り 3 個の軌道に H が結合します。分子の形は原子を線で結んだ形で表します。電子、非共有電子対は考慮されません。したがってアンモニア分子の形は底面だけが正三角形の三角錐ということになります。

2 アンモニウムイオン NH_4^+ の結合

アンモニア分子 NH_3 に水素イオン H^+ が結合したものをアンモニウムイオン NH_4^+ といいます（図 3）。

NH_3 には非共有電子対という 2 個の電子があります。一方、H^+ には電子がありません。この H^+ が非共有電子対に結びついたらどうなるでしょう？

N と H の間には非共有電子対だった 2 個の電子が存在することになります。これは N と H の間に 2 個の結合電子が存在する N–H 結合と同じです。つまり、N–H 結合が生成したことになります。

この結果、N の 4 個の混成軌道に 4 個の H が結合した構造、すなわちメタン CH_4 とまったく同じ正四面体構造の分子（イオン）ができるのです。もちろん、H^+ のせいで全体としては電子が 1 個足りないので、電気的に中性な NH_4 分子ではなく、プラスに荷電した NH_4^+ イオンになります（図 4）。

第6章 sp³混成軌道

図1 アンモニア（NH₃）の電子配置

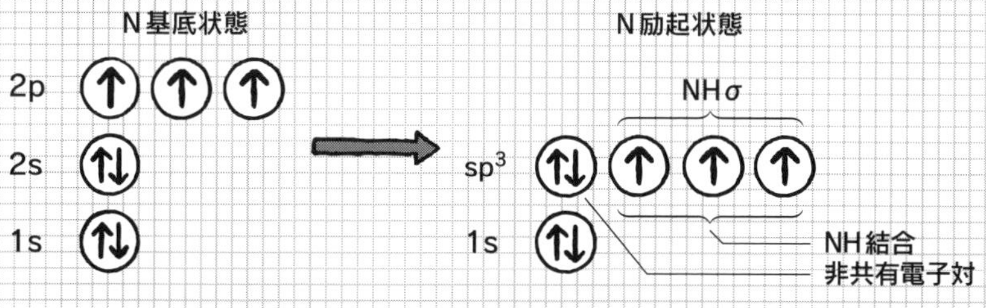

図2 アンモニアの結合状態

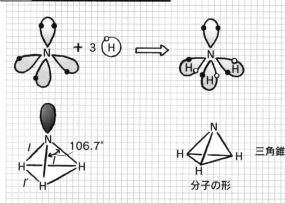

窒素原子上の非共有電子対は H⁺ を捕まえるなど NH₃ の科学的性質に大きく影響します。

図3 アンモニウムイオン（NH₄⁺）

$$NH_3 + H^+ \longrightarrow N^+H_4$$

図4 アンモニウムイオンの結合

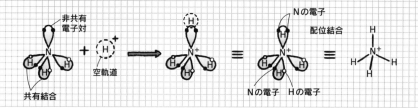

- アンモニアの窒素原子は sp³ 混成状態であり、1個の混成軌道に非共有電子対を収容する。
- 残り3個の混成軌道に H が結合するので NH₃ は三角錐形となる。

079

6-5 配位結合とヒドロニウムイオン

分子と分子、分子とイオン、あるいは分子と金属原子（イオン）を結合する配位結合というものがあります。前節で見たNH_3とH^+の間の結合は典型的な配位結合です。

1 共有結合と配位結合

前節で見たNH_3におけるN-H結合と、NH_4^+において新たにできたN-H結合を見てみましょう。NH_3のN-H結合を構成する2個の結合電子は、1個はNから、もう1個はHからきたものです。だから、結合する2個の原子が不対電子を1個ずつ出し合って共有するという共有結合の定義に合致します。

しかしNH_4^+の新しいN-H結合はどうでしょう？これはいわば、H^+がNの非共有電子対に寄生した結合です。2個の結合電子は両方ともNが出しています。Hは何も出していません。このような結合を配位結合というのです（図1）。

しかし"残念ながら？"電子に区別はありません。したがって"共有結合でできたN-H"も"配位結合でできたN-H"も区別はできません。

2 ヒドロニウムイオン H_3O^+ の結合

水分子H_2Oに水素イオンH^+が結合してできたイオンH_3O^+をオキソニウムイオンといいます。

この結合はNH_4^+と同じです。つまりH_2OのOはsp^3混成状態であり、4個の混成軌道のうち2個は非共有電子対によって占められています（図2）。この結果、Hと結合できる混成軌道は2個だけとなります。この軌道に2個のHが結合した結果、基本的に∠HOHが109.5度の角度で曲がったH_2O分子ができたのです。

H_2Oの2個の非共有電子対のうち、1個にH^+が配位結合したのがH_3O^+です。ですからH_3O^+の構造はNH_3と同じ三角錐形ということになります。もしもう1個のH^+が結合してH_4O^{2+}となったら、NH_4^+と同じメタン型となるでしょうが、H_3O^+とH^+の間には静電反発が生じますから、互いに近づいて反応することは難しいことになります。

第6章　sp³混成軌道

図1　共有結合と配位結合

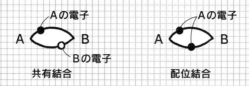

図2　水分子 H₂O の O の結合

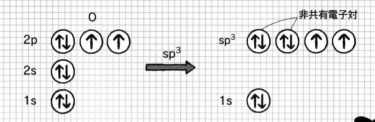

> NH₃ の∠HNH も H₂O の∠HOH も基本的には SP³ 混成軌道の角度である 109.5°です。しかし、実際は NH₃ では 107°、H₂O では 104.5° となっています。

図3　ヒドロニウムイオン H₃O⁺ の結合

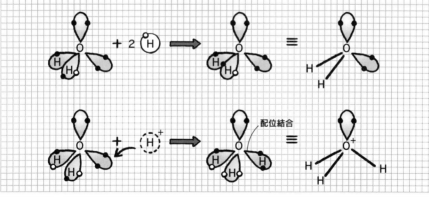

- 2個の結合電子を片方の原子だけが出した結合を配位結合という。
- 配位結合はできてしまえば共有結合と区別できない。
- NH₄⁺、H₃O⁺ は配位結合でできたイオンである。

6-6 配位結合と分子間結合

配位結合が NH_3 や H_2O 分子の非共有電子対と H^+ の空軌道の間で生成されることを見ました。配位結合はこのような分子とイオンの間だけでなく、分子の間でも形成されます。

1 水素化ホウ素 BH_3 の結合

BH_3 は存在しない分子です。しかし BH_3 が 2 分子合体したジボラン B_2H_6 や、結合的には BH_3 と等しいフッ化ホウ素 BF_3 は存在します。そこでここでは話を簡単にするために BH_3 が存在するものと仮定して話しましょう。

BH_3 の B は sp^3 混成です。B の L 殻電子は 3 個しかありませんから、これを 4 個の混成軌道に入れると 1 個が空になります。このように電子の入っていない軌道を空軌道といいます（図 1）。

BH_3 の形を示しました。アンモニア NH_3 やオキソニウムイオン H_3O^+ とソックリです。ただ、非共有電子対が空軌道に置き換わっているだけです。したがって BH_3 の形も三角錐形ということになります（図 2）。

2 BH_3 と NH_3 の結合

さて、BH_3 は空軌道を持ち、NH_3 は非共有電子対を持っています。これは H^+ と NH_3 の組み合わせと同じです。ということは BH_3 と NH_3 の間に配位結合ができる可能性を伺わせます。

実際に配位結合が生成します。BH_3 の空軌道と NH_3 の非共有電子対の入った軌道を重ねるのです。すると、B、N 両者の間にできた軌道に N の 2 個の電子が入り、結合電子雲となります。これは B–N 間に σ 結合ができ、新分子 F_3B–NH_3 が誕生したことを意味します（図 3）。

しかし結合電子の出所を調べれば、2 個とも N からきたことがわかります。したがってこの結合は、実体は共有結合と同じだが、出生的には配位結合である、ということになります。

このように配位結合は中性の分子と分子を結合して新しい分子、分子間分子とでもいうような分子を作ることができるのです。本書の最初に見た結合の分類表で、配位結合を原子間結合と分子間結合の中間に置いたのはこのような理由からです。

図1　水素化ホウ素（BH₃）の結合と軌道

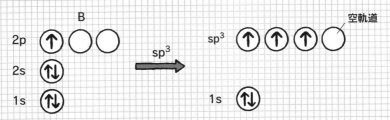

図2　BH₃の結合の形

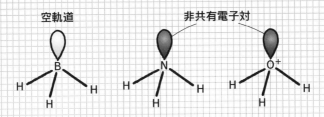

図3　BH₃とNH₃の結合

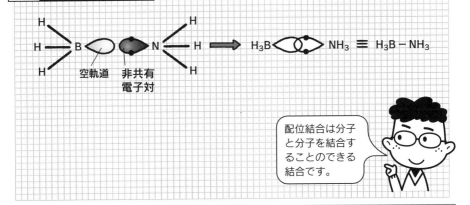

配位結合は分子と分子を結合することのできる結合です。

- ●BH₃のBはsp³混成で、軌道の1個には電子が入らず空軌道となる。
- ●BH₃の空軌道とNH₃の非共有電子対の間で配位結合が可能である。
- ●このようにすると、分子と分子を結合することができる。

第7章

sp^2 混成軌道と sp 混成軌道

sp^2 混成軌道は共役二重結合を作る軌道です。共役二重結合は芳香族化合物を構成するなど有機化学では非常に重要な結合です。sp 混成軌道は主に三重結合を作る軌道です。

sp²混成軌道

有機化合物では二重結合が重要な役割を演じます。その C=C 二重結合を作る軌道が炭素の sp²混成軌道なのです。sp²混成軌道は2s 軌道と 2 個の2p 軌道からできた軌道です。

1 sp²混成軌道の形とエネルギー

sp²混成軌道は、1 個の2s 軌道と 2 個の2p 軌道からできた軌道です。したがって、3 個ある2p 軌道のうち、混成軌道に使われるのは 2 個だけですから、1 個は2p 軌道のまま残ります（図 1）。実はこの残った2p 軌道が π 結合を作ることになり、結合にとって非常に重要な役割を演じるのですが、それは次節で見ることにしましょう。

sp²混成軌道のエネルギーは 1 個の2s 軌道と 2 個の2p 軌道の平均になります。したがって、sp³混成軌道のエネルギーよりも s 軌道に近い、すなわち sp³混成軌道より低エネルギーということになります。これは6-2節で見たとおりです。

1 個の sp²混成軌道の形は、sp³混成軌道とほぼ同じと考えてよいでしょう（図 2）。問題は 3 個の sp²混成軌道の配置です。混成に関与した 2 個の p 軌道を p_x と p_y 軌道としましょう。すると混成軌道を作る電子雲の成分は主に x 成分と y 成分だけですから、3 個の混成軌道は xy 平面上に存在し、互いの角度は120度となります（図 3）。

2 sp²混成状態の炭素

sp²混成状態の炭素には 3 個の sp²混成軌道とともに、混成に関与しなかった p 軌道が残っています。上で見たように、混成に関与した軌道が p_x と p_y 軌道なら、残っている p 軌道は p_z 軌道となります。

これは、残っている p_z 軌道は混成軌道が乗る xy 平面を垂直に貫いていることを意味します。この関係を直交といいます。この炭素を図 4 に示しました。

混成軌道と残った2p 軌道の関係は次節で見るように、C=C 二重結合を作る際に非常に重要なこととなります。なお、先に5-4、5節で見たように、図を見やすくするため、残った p 軌道は細身に書くこともあるので注意してください。

第 7 章　sp² 混成軌道と sp 混成軌道

図1　sp²混成状態

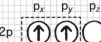

図2　sp²混成軌道の形

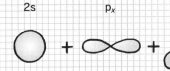 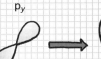 

図3　sp²混成軌道の配置

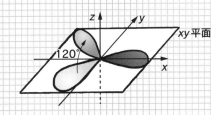

3個の混成軌道は同一平面上にあり、残った p 軌道はその平面に垂直になる、というのが重要です。

図4　sp²混成状態の炭素

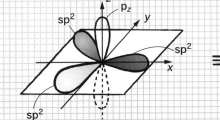 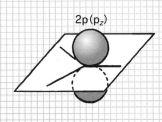

ポイント
- sp²混成軌道は1個の2s軌道と2個の2p軌道からできる。
- 3個の混成軌道は同一平面上に、互いに120度の角度で配列する。
- 残った2p軌道は混成軌道の乗った平面に直交する。

087

7-2 エチレン $H_2C=CH_2$ の結合

sp² 混成状態の炭素が作る典型的な化合物がエチレンです。エチレンは混成軌道が全てのC–C、C–Hσ結合を作り、混成に関与しなかった2p軌道がπ結合を作って二重結合を完成します。

1 σ骨格

　有機化合物において、二重結合はもっとも重要な結合といってよいでしょう。有機化合物の持つ様々な作用、機能のほとんどは二重結合に起因するものといってよいくらいです。エチレン $H_2C=CH_2$ はそのような二重結合を持つ化合物の典型です。

　エチレンは1本のC＝C二重結合と4本のC–H一重結合からできています。二重結合はσ結合とπ結合からできた複合結合であり、一重結合はσ結合からできています。エチレンではこれらσ結合の全てはsp²混成軌道からできています。

　図1はエチレンを構成する6個の原子をエチレンの構造に倣って並べたものです。このまま軌道を重ねてσ結合とすればエチレンのσ骨格が完成します。つまり、エチレンの6個の原子は全てが同一平面上に並びます。このことはエチレンが平面分子であることを示します。

2 π結合

　図2はσ骨格に炭素の2p軌道を書き加えたものです。ただし、見やすいようにσ結合は直線で表しています。ミタラシ団子の形をした2p軌道のそれぞれのお団子が、分子平面の上と下で重なっていることがわかります。つまりπ結合ができているのです。

　図3はπ結合電子雲を書き加えた図です。分子平面の上と下に2本のπ電子雲が存在しています。この2本のπ電子雲が揃って初めて1本のπ結合になることは先に5-4節で見たとおりです。

3 シス・トランス異性

　二重結合がπ結合を含むことから、二重結合は結合回転ができないことになります。そのため、図4の二つの化合物は互いに異なる化合物ということになります。同じ原子が二重結合の同じ側に並ぶ物をシス体、反対側にあるものをとトランス体といい、このような異性体をシス・トランス異性といいます。

第 7 章　sp²混成軌道と sp 混成軌道

図1　σ結合骨格

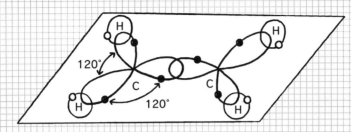

図2　π結合

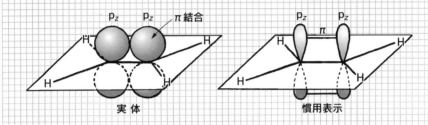

実体　　　　　　　慣用表示

図3　π結合電子雲

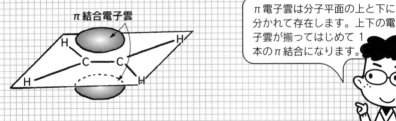

π電子雲は分子平面の上と下に分かれて存在します。上下の電子雲が揃ってはじめて1本のπ結合になります。

図4　シス・トランス異性

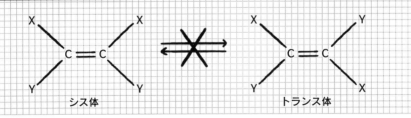

シス体　　　　　　　トランス体

ポイント
- ●二重結合はσ結合とπ結合からできる。
- ●エチレンは平面形の化合物である。
- ●二重結合は回転できないのでシス・トランス異性が生じる。

089

7-3 ブタジエン $H_2C=CH-CH=CH_2$ の結合

ブタジエンのように二重結合と一重結合が交互に並んだ結合を共役二重結合といいます。共役二重結合は有機分子に独特の性質を与える結合であり、非常に重要な結合です。

1 p軌道の重なり

ブタジエンは図1-(A)の化合物です。C_1-C_2、C_3-C_4間が二重結合、C_2-C_3間が一重結合です。4個の炭素は全てsp^2混成です。したがって各炭素上にp軌道があります。(B)はp軌道の関係がわかるように書いた図です。

この図は$C_1 \sim C_4$全ての炭素上のp軌道が互いに接していることを示しています。ということはC_1-C_2、C_3-C_4間だけでなく、C_2-C_3間にもπ結合が存在することを意味します。つまり全ての炭素はσ結合とπ結合とで二重に結合された二重結合で結合されていることになります。

(C)はこの様子を忠実に表したものです。しかしなにか変です。C_2の結合手の本数を数えてみると、Hとの1本、左炭素との二重結合で2本、右炭素とも二重結合なので2本。合計5本となります。しかし炭素は4本の結合しか作ることができません。したがって(C)は結合手の本数に関して間違いです。一方(A)はπ結合に関して間違っています。

2 一重結合と二重結合の中間

それでは、正しい結合はどのようなものなのでしょう？残念ながら、現在の表記法では正しい構造を描くことはできません。現在の表記法が完成された頃にはこのような問題は発見されていなかったのです。

図2はエチレン、ブタジエン、および次節で見るベンゼンの二重結合の本数と、それを構成するp軌道の個数の関係を表したものです。エチレンでは1本のπ結合に2個のp軌道を使っています。ところがブタジエンでは3本のπ結合に4個のp軌道しか使っていません。ベンゼンでは6本のπ結合に6本です。

明らかにp軌道不足です。これは橋（π結合）を作るのにコンクリート（p軌道）をケチったようなもので、橋は強度不足になります。エチレンのπ結合を基準（1）として、各化合物のπ結合の相対強度を出しました。これからいくとブタジエンの結合は$\sigma + 0.7\pi = 1.7$重結合、ベンゼンでは1.5重結合ということになってしまいます。

第7章 sp²混成軌道とsp混成軌道

図1 ブタジエンの結合

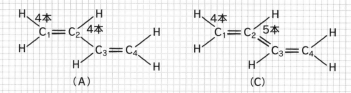

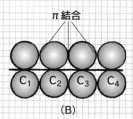

> 共役二重結合を形成する全ての炭素はπ結合で結合しています。しかし、そのπ結合はエチレンのπ結合のように完全なものではありません。

図2 エチレン・ブタジエン、ベンゼンの二重配合

	π結合	p軌道	比
エチレン	1本	2個	1
ブタジエン	3本	4個	2/3
ベンゼン	6本	6個	1/2

$H_2C=CH_2$ $H_2C=CH-CH=CH_2$

エチレン   ブタジエン   ベンゼン

- 二重結合と一重結合が交互に並んだ結合を共役二重結合という。
- 共役二重結合では全炭素上にp軌道があり、π結合が連続する。
- 共役二重結合は一重結合と二重結合の中間の強度となる。

091

7-4 ベンゼンの結合

ベンゼンは環状の共役二重結合を持った化合物であり、独特の性質と安定性を持っています。ベンゼンとその誘導体を一般に芳香族化合物といい、有機化学で重要な化合物です。

1 ベンゼンの構造

ベンゼンに芳香があるわけではありませんが、ベンゼンの骨格を持つ化合物を一般に芳香族化合物といいます（図 1）。ベンゼンは 6 個の炭素原子と 6 個の水素原子からできた化合物であり、その構造はていねいに書くと(A)になります。しかし多くの場合元素記号と C–H 結合を省略し、(B)あるいは(C)のように書かれます。

ベンゼンの炭素結合は二重結合と一重結合が一つ置きに並んだもので、したがってベンゼンは共役二重結合を持った環状化合物なので一般に環状共役化合物といわれます。ベンゼンの結合状態は(D)のようなものです。

ベンゼンの炭素は全て sp^2 混成です。したがって混成軌道は同一平面上に120度の角度で並びます。これはベンゼンの結合角度と一緒ですから、ベンゼンは完全に平面状の化合物です。

2 ベンゼンのπ結合電子雲

前節で見たブタジエンの場合と同じように、ベンゼンの 6 個の p 電子は全て接するので、ベンゼンには環状のπ電子雲が存在することになります。つまり分子面の上下にドーナツのような電子雲が重なります。この結果、ベンゼンの 6 本の C–C 結合は全て同じで区別がないことになります。これを表すために(C)のように、ベンゼンの中に円を描いて構造を表すことがあります。

同様にブタジエンの場合には長いπ結合電子雲が分子面の上下に並びます。このように共役二重結合では共役系の端から端まで、すなわち分子全体を 1 本のπ結合が覆います（図 2）。このようなπ結合を特に非局在π結合と呼びます。それに対してエチレンのπ結合のように 2 個の炭素の間に留まる結合を非局在π結合といいます。

このようなことから、共役系では分子の一端に刺激が加わると、その刺激がπ結合電子雲をまるで電流のように通じて分子全体に波及することになり、独特の性質と反応性が現れます。

第7章　sp²混成軌道とsp混成軌道

図1　ベンゼンの構造

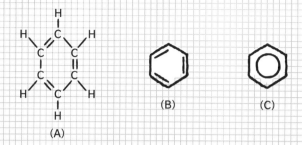

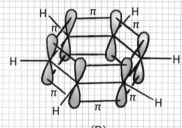

非局在π電子雲は長い電子雲です。まるで電話の電線のように情報を分子全体に伝えます。

図2　ブタジエンとベンゼンのπ結合電子雲

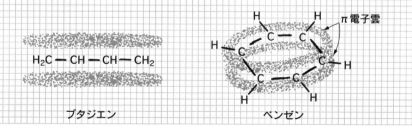

ポイント
- ●ベンゼンは環状の共役化合物であり、6本のC–C結合は皆等しい。
- ●ベンゼンのπ結合電子雲はドーナツ2個を重ねてようなものである。
- ●共役系のπ結合を非局在π結合と呼ぶ。

093

sp 混成軌道

sp 混成軌道は三重結合を作るための軌道といってよいでしょう。C≡C 三重結合、C≡N 三重結合など、全ての三重結合を構成する原子は sp 混成状態となっています。

1 sp 混成状態の炭素

sp 混成軌道は 1 個の 2s 軌道と 1 個の 2p 軌道からできた軌道です。したがって、混成軌道を作る 2p 軌道を p_x とすると、残り 2 個の p 軌道、すなわち p_y と p_z 軌道は p 軌道のまま存在します。

混成軌道は 2 個できますが、成分として x 方向成分しか持っていませんから、2 個の混成軌道は x 軸上で互いに逆方向を向くことになります。そしてこの軌道に直行するように 2 個の p 軌道が存在します。

sp 混成軌道のエネルギーは s 軌道エネルギーと p 軌道エネルギーのちょうど中間になります。したがって 3 種類の混成軌道の中でもっとも低エネルギーということになります。

2 アセチレン HC≡CH の結合

アセチレンは sp 混成炭素の作る典型的な化合物です。2 個の H と 2 個の sp 混成炭素が H–C–C–H と一直線上に並んで σ 結合を作ります。この結果、アセチレンは一直線状の分子ということになります。そして 2 個の C 原子上の p_x 軌道同士、p_y 軌道同士がそれぞれ重なって合計 2 本の π 結合を作ります。

この結果、C–C 間は 1 本の σ 結合と 2 本の π 結合とによって三重に結合されることになるのです。この 2 本の π 結合電子雲は互いに流れ寄って円筒状の電子雲になるといわれています（図 2）。

> **コラム　結合の多重性と混成軌道**
>
> ここまでの説明で明らかなことですが、結合の多重性とその結合を構成する炭素の混成軌道の関係をまとめると、以下のようになります。
> ○一重結合：sp^3 混成軌道
> ○二重結合：sp^2 混成軌道
> ○三重結合：sp 混成軌道
> ○共役二重結合：sp^2 混成軌道

第7章 sp²混成軌道と sp 混成軌道

図1 sp 混成軌道

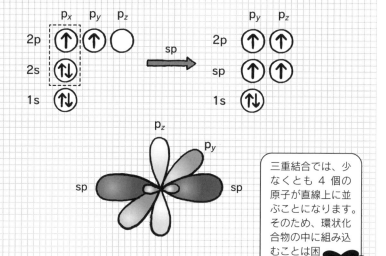

三重結合では、少なくとも 4 個の原子が直線上に並ぶことになります。そのため、環状化合物の中に組み込むことは困難です。

図2 アセチレン HC≡CH の結合

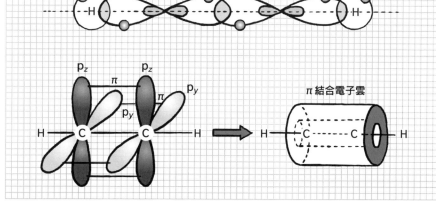

ポイント
- sp 混成軌道は 1 個の 2p 軌道と 1 個の 2s 軌道からできる。
- sp 混成軌道は互いに逆向きに配置される。
- アセチレンは sp 混成軌道を使ってできた典型的な化合物である。

7-6 C＝O、C＝N 結合

sp² 混成軌道を作るのは炭素だけではありません。酸素 O や窒素 N はもちろん、他の原子も作ります。ここでは、そのような原子の関与する二重結合を見ていきましょう。

1 C＝O 二重結合

　有機化学では C＝O 結合はカルボニル結合と呼ばれ、重要な結合です。この結合は二重結合ですから C は sp² 混成です。O の結合状態は、実は原子価状態（基底状態）、sp² 混成状態両方で説明できるのですが、ここでは sp² 混成状態として考えてみましょう。

　sp² 炭素の電子配置はエチレンで見たとおりです。一方、sp² 酸素の電子配置は図 1 のようになります。つまり、3 個の混成軌道と 1 個の p 軌道、合計 4 個の軌道に 6 個の電子が入るのです。2 個の軌道には 2 個の電子が入って非共有電子対とならなければなりません。非共有電子対となるのは 2 個の混成軌道です。この結果、不対電子が入って共有結合を作ることができるのは 1 個の混成軌道と p 軌道です。

　この結果、O の混成軌道は C の混成軌道と重なって σ 結合を作り、同時に O と C の p 軌道も重なって π 結合を作ります。このようにして C＝O 二重結合が生成されます。重要なことは酸素原子では、分子面に 2 対の非共有電子対ができることです。

2 C＝N 二重結合

　C＝N 結合を構成する N も sp² 混成です。sp² 窒素の電子配置は図 2 の通りです。C＝N 二重結合を作るためには N の 1 個の混成軌道と p 軌道には不対電子を入れておかなければなりません。その結果、残り 2 個の混成軌道には、片方に不対電子、もう片方に非共有電子対を入れなければなりません。

　つまり、2 個の混成軌道のうち、不対電子が入った方は他の原子 R_3 と結合できますが、もう片方は結合することができないのです。この結果、C に結合した R_1、R_2 と N に結合した R_3 の位置関係に違いが生じます。これは先に見たシス・トランス異性と同じことです。しかし C＝N 結合の場合にはシン・アンチ異性と呼ばれます。

第 7 章　sp²混成軌道と sp 混成軌道

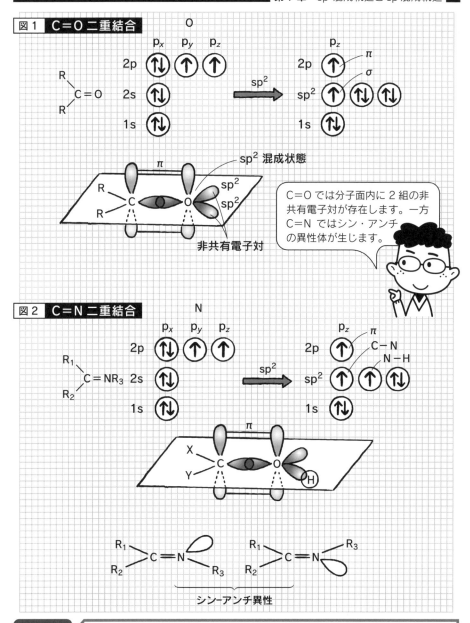

図1　C＝O 二重結合

図2　C＝N 二重結合

シン-アンチ異性

ポイント
- ◉ C＝O 結合の O、C＝N 二重結合の N は共に sp²混成である。
- ◉ C＝O 結合では酸素原子が分子面内に 2 個の非共有電子対を持つ。
- ◉ C＝N 結合では N に結合した原子の立体配置によって異性体が生じる。

097

7-7 特殊な結合

これまでにいろいろの結合を見てきましたが、分子の種類は無数です。中にはよく知られた化合物でありながら、意外な結合をしているものもあります。ここでは、そのような化合物の結合を見てみましょう。

1 シクロプロパンのバナナ結合

シクロプロパンというのは分子式 C_3H_6 の、図のような三員環の化合物です。基本骨格は3個のCからできた三角形ですから、角CCCは60度以外あり得ません。しかし、これまでに見てきた混成軌道で、軌道間の角度が60度のものなどありません。どうしましょう？

シクロプロパンの炭素は sp^3 混成軌道なのです。そして、sp^3 混成のまま結合するのです。図1を見てください。3個の炭素が構成する三角形は点線です。それに対して混成軌道は点線の外側にはみ出しています。しかし、それでも互いの軌道は重なっているのです。ということは"弱いながらも重なって結合を作っている"のです。

これがシクロプロパンの結合です。この結果、結合電子雲は結合軸の外側にはみ出してバナナのような形をしています。そのため、この結合をバナナボンドということがあります。

2 二酸化炭素の結合

二酸化炭素 CO_2 の構造式は O＝C＝O です（図2）。特筆すべきことは1個の（中央）炭素から2本の二重結合が出ていることです。このような結合は特殊なことです。先に見たブタジエンでもベンゼンでも、1個の炭素が作る二重結合は1本だけです。

先のコラムで二重結合を作る混成軌道は sp^2 といいましたが、CO^2 は例外です。この炭素は sp 混成軌道なのです。sp 混成軌道は直交した2本のp軌道を持っています。これを利用すると直交した2本のπ結合を作ることができるのです。

その様子を図3に示しました。炭素はπ結合を作ることのできる2個のp軌道、p_y、p_z を持ちます。左側のOはCの p_y 軌道と重なってπ結合を作ります。一方、右側のOは p_z と重なります。この結果、Cの両側の二重結合は互いに90度ねじれることになります。このような結合は一般にクムレン結合とよばれ、有機物ではよく知られた結合です。

第 7 章　sp^2混成軌道と sp 混成軌道

図1　シクロプロパンの結合

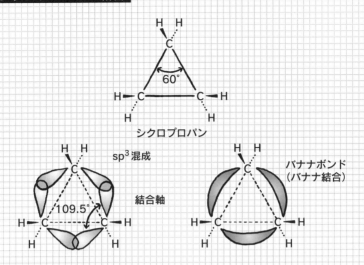

図2　二酸化炭素（CO_2）の構造式

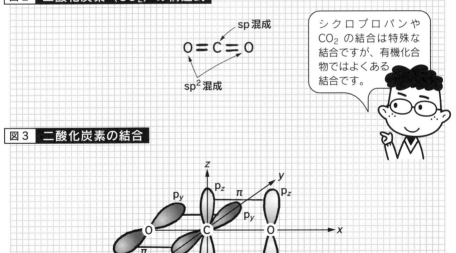

シクロプロパンやCO_2の結合は特殊な結合ですが、有機化合物ではよくある結合です。

図3　二酸化炭素の結合

- シクロプロパンを作る炭素はsp^3混成軌道であり、その結合をバナナ結合という。
- 二酸化炭素を構成する2本の二重結合は、互いに90度ねじれている。

099

第8章
結合の変化

共有結合にはσ結合とπ結合があります。しかし、同じ化合物の中でも、ある炭素はあるときはσ結合を作り、あるときはπ結合を作るというように変化します。

結合の切断と生成

化学変化には分子構造の変化が伴います。分子構造が変化するためには結合の組み換えが起こらなければならず、そのためには結合の切断と生成が必要になります。

1 共有結合切断の種類

共有結合 A–B は 2 個の結合電子からできています。共有結合が切断されるときには、結合電子の分配が問題になります。これには次の 2 通りの方法が考えられます。

① A と B で 1 個ずつ分け合う

この結果できた 2 個の破片 A・、B・をそれぞれラジカルといいます。"・" は 1 個の電子を表し、特にラジカル電子といいます。そしてこのような切断法をラジカル的切断といいます。

水素分子 H–H の切断をこの書き方で書くと 2 個の H・ができることからわかるように（図 2）、A、B が原子の場合には "A" と "A・" は同じものを表します。つまり「ラジカル A」＝「原子 A」なのです。ヤヤコシイですが注意してください。

② 片方の原子が 2 個の電子を取る

もし A が 2 個の電子を取ったら、A は電子を 2 個持って A: となり、反対に B は電子を失います。原子が、ラジカル電子 1 個を持った A・なのですから、電子を 2 個持った A: は原子より電子が 1 個多いので、陰イオンということになります。つまり A: ＝ A$^-$ です。それに対して B は原子状態の B・より電子が 1 個少ないので陽イオンということになります。つまり B ＝ B$^+$ です。

このような切断法をイオン的切断といいます。

2 結合生成

結合の生成は切断の反対です。この場合にも
① 2 個のラジカルが結合する反応
② 陽イオンと陰イオンが結合する反応
がありますが、その他に、第 6 章で見たように、
③ 非共有電子対と空軌道が結合する配位結合
があります。

第8章 結合の変化

図1 共有結合切断

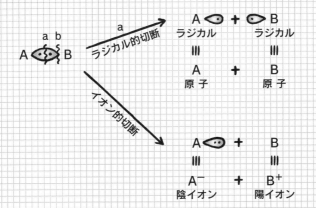

図2 水素分子 H-H の切断

HとH・は同じもの

図3 結合生成

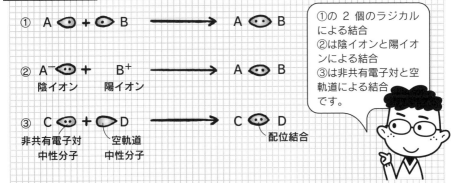

①の2個のラジカルによる結合
②は陰イオンと陽イオンによる結合
③は非共有電子対と空軌道による結合です。

ポイント

- ラジカル的切断では2個のラジカルが生成する。
- イオン的切断では陽イオンと陰イオンが生成する。
- 結合生成にはラジカル反応、イオン反応、配位結合生成がある。

8-2 分子ラジカルの生成と反応

原子団がラジカルになったものを分子ラジカルといいます。分子ラジカルが結合すると新しい分子ができます。炭化水素はこのような反応で次々と大きな分子に発展することができます。

1 メチルラジカル

メタン CH_4 の1本の C–H 結合がラジカル切断すると、水素ラジカル H· と原子団からなる分子ラジカルのメチルジカル CH_3· が生成します。CH_3· の C は sp^3 混成のままで、ラジカル電子は sp^3 混成軌道に入っています。2個のメチルラジカルがラジカル電子の入った軌道を重ねると、メチルラジカルの間に共有結合が生成し、エタン CH_3CH_3 が生成します（図1）。

CH_3CH_3 の C–H 結合をラジカル切断すると、エチルラジカル CH_3CH_2· となります。2個の CH_3CH_2· を結合すると炭素数4個のブタン $CH_3CH_2CH_2CH_3$ となり、CH_3CH_2· と CH_3· を結合すると炭素数3個のプロパン $CH_3CH_2CH_3$ となります。

2 エタンの結合回転

図2はエタンの構造を立体的に書いたものです。A では手前の炭素に着いた H と奥の炭素に着いた H が空間的に重なっています。そこでこれを重なり形といいます。A の C–C 結合を60度回転させた B では H 間の重なりはありません。この形をねじれ形といいます。

図のベンツマークのようなものは C–C 結合の立体配置を表す記号です。C–H 結合が中心まで見えているのが手前の炭素についたもの、円で隠れているのが奥の炭素についたものです。これをニューマン投影式といいます。

A、B も異性体の一種であり、結合回転によって現れる異性現象なので回転異性、あるいは配座異性といいます。

重なり形では H 間の立体反発によって高エネルギーになっており、B ではそれが解消されています。図3はエタンの C–C 結合の回転角度と、それに伴うエネルギー変化を表したものです。60度ごとにサインカーブンのように変化しています。

このエネルギー差は小さいものなので、A と B を分離して取り出すことはできません。しかし、C–C は σ 結合なので自由回転可能ですが、実際には少々のエネルギー障壁はあるようです。

第8章 結合の変化

図1 分子ラジカルの生成

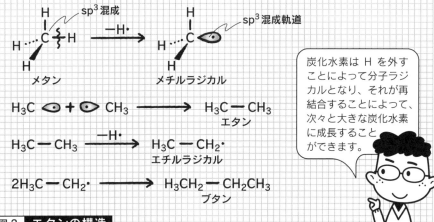

炭化水素は H を外すことによって分子ラジカルとなり、それが再結合することによって、次々と大きな炭化水素に成長することができます。

図2 エタンの構造

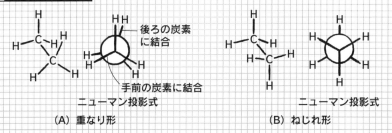

(A) 重なり形　　(B) ねじれ形

図3 エタンの結合回転

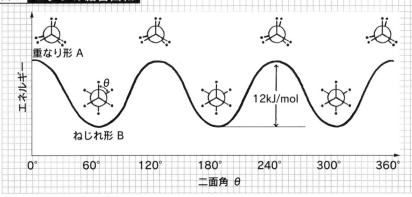

- メタンからメチルラジカルが生じ、メチルラジカルが結合するとエタンになる。
- エタンには回転異性体があり、結合回転にはエネルギー障壁がある。

8-3 イオンの構造と安定性

メチルイオン CH_3^+ には、炭素が sp^3 混成のものと、sp^2 混成のものが考えられます。それぞれどのような構造で、そのエネルギー関係はどうなっているのでしょうか。

1 軌道エネルギー

メタン誘導体 H_3CX から X が陰イオン X^- として脱離するとメチル陽イオン CH_3^+ ができます（図1）。CH_3^+ の炭素はどのような混成状態でしょうか？それを決めるには二つの要因があります。一つは軌道のエネルギーです。

その原因は第6章で見た軌道のエネルギー順位です。それは

$$2p > sp^3 > sp^2 > sp > 2s$$

の順です。CH_3^+ では結合電子は6個ですから、C の混成状態にかかわらず、どれか一つの軌道には電子が入らず、空軌道となります。それなら、もっともエネルギーの高い軌道を空軌道にした方が、全体としては低エネルギーとなって安定化します（図2）。

このような理由で CH_3^+ は sp^2 混成の平面型イオンとなり、その平面に直交する 2p 軌道が空軌道となっています。

2 イオン・ラジカルの安定な構造

上のことはもう少し異なった視点から考えることもできます。つまり電子と原子核の間には静電引力が働きます。これは距離が近いほど大きくなり、系が安定化します。s 軌道と p 軌道を比べれば s 軌道の方が原子核に近いです。ということは、s 軌道の成分の多い混成軌道の方が有利ということです。この順序は

$$2s > sp > sp^2 > sp^3 > 2p$$

となり、エネルギーの場合の順序と逆になります（図2）。しかし、結果は上と同じです。つまり、sp^3 軌道に電子を入れるよりは、sp^2 軌道に電子を入れた方が静電引力が大きくなるのです。したがって CH_3^+ は sp^2 となります。

同様に考えると、メチルラジカル $CH_3\cdot$ も sp^2 となります。しかしメチルアニオン CH_3^- は全部の軌道に電子が入るので、sp^3 混成ということになります。

第8章 結合の変化

図1 メチルイオン CH₃⁺ の生成

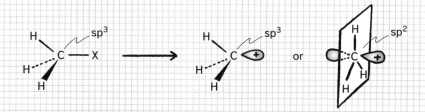

図2 軌道エネルギーと静電反発

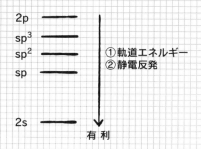

図3 安定な構造

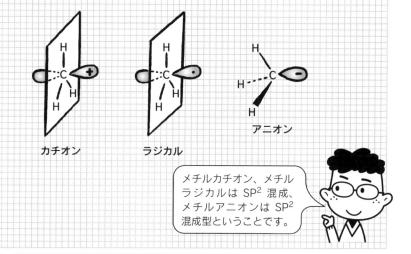

メチルカチオン、メチルラジカルは SP² 混成、メチルアニオンは SP³ 混成型ということです。

- メチルカチオン、ラジカルには sp²型と sp³型の両方の可能性がある。
- 違いは軌道エネルギーと、原子核と電子間の静電引力である。
- これらの比較の結果、sp²混成軌道を用いた平面型となる。

8-4 特殊なイオン

イオンには興味深い結合状態のものがあります。二重結合と臭素カチオン Br^+ が結合したブロモニウムイオンや、フェノニウムイオンなどはそのような例です。

1 ブロモニウムイオン

エチレンに臭素 Br_2 が付加するときには、まず Br_2 がイオン的に分解して Br^+ と Br^- になります。Br の最外殻は量子数 4 の N 殻です。そこで Br^+ は 4p 軌道が空軌道になっています。この Br^+ がエチレンに付加してブロモニウムイオンになります（図 1）。

その付加の仕方が変わっています。二重結合の π 結合を構成する 2 個の p 軌道に羽を広げるようにして結合するのです。この様子は図 2 のように三角形の陽イオンと考えることができます。

次にこの陽イオンに Br^- が攻撃します。すると、二重結合の片面は既に Br が結合していて、Br^- が攻撃する余地はありません。仕方なく Br^- は反対側から攻撃します。この結果、Br_2 の 2 個の Br 原子は、互いにエチレンの二重結合の反対側に結合することになります。このような付加の仕方をトランス付加といいます。

2 フェノニウムイオン

化合物 A から X が陰イオン X^- として脱離すると陽イオン B が生成します。ところが B は陽イオン C と相互変化することが知られています。これは A に陰イオン W^- が付加すると、D と E の二種類の生成物ができることを意味します。

なぜこのようなことが起こるのでしょう。その理由がフェノニウムイオンです。このイオンではベンゼン環の p 軌道が、上のブロモニウムイオンにおける Br の 4p 軌道のように作用するのです。つまり、ベンゼン環の 2p 軌道がエチレン部分の 2p 軌道に羽を広げるようにして結合するのです。そしてこの羽のような重なりのどちら側が切れるかによって、B になったり C になったりし、これらに Br^- が結合するとそれぞれ最終生成物 D と E になるというわけなのです（図 3）。

残念ながらフェノニウムイオンは不安定中間体なので、実際に取り出して調べることはできませんが、このようなものと考えられています。

第 8 章 結合の変化

図1 ブロモニウムイオンの生成

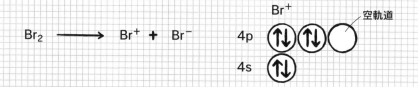

図2 ブロモニウムイオンの結合

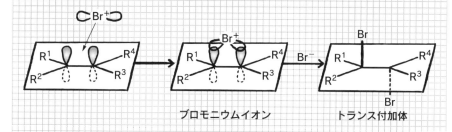

図3 フェノニウムイオンの生成

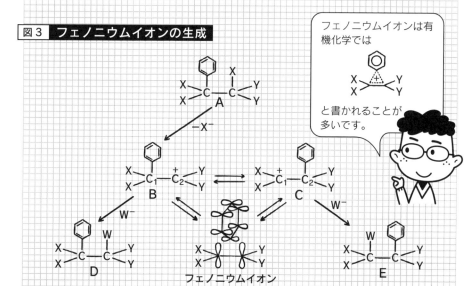

フェノニウムイオンは有機化学では

と書かれることが多いです。

ポイント
- 二重結合に Br^+ が付加するとブロモニウムイオンになる。
- ベンゼン環を持った陽イオンでは、ベンゼン環が2個の炭素の間を移動することがある。これはフェノニウムイオンが関与した結果である。

109

8-5 σ結合とπ結合の相互変化

第5章で見たように、p軌道はσ結合を作ることもπ結合を作ることもできます。ということはσ結合とπ結合は相互変換することができるのでは？と思わされます。実際に相互変換できるのです。

1 ブタジエンとシクロブテンの相互変換

ブタジエン1は4個のsp^2混成炭素が並んだ共役系の化合物です。一方、シクロブテン2は4員環化合物で、1個の二重結合を持っています。これが互いに相互変換できるとはどういうことでしょうか？

謎を解き明かすためには炭素に番号をつけることです。するとブタジエンで二重結合を構成し、互いに離れていたC_1、C_4がシクロブテンでは一重結合で結ばれていることがわかります。

この反応は次のように考えられます。すなわちブタジエンのC_1、C_4炭素はともにsp^2混成軌道であり、p軌道を持っています（3）。このp軌道が互いに回転して重なったとします。すると、2個のp軌道は互いに重なります（4）。これはC_1とC_4間にσ結合ができたことを意味します。すなわち、鎖状化合物が環状化合物になったのです。化合物4ではC_1、C_4は混成状態を変化してsp^3混成状態となっています（図1）。

しかし、C_2とC_3にあるp軌道はそのままです。ということはこの2個のp軌道はπ結合を作ることができるということです。ということで、鎖状化合物1が環状化合物2に変化するのです。ここではπ結合がσ結合に変化するという劇的な化学反応が進展しているのです。

これで驚いてはいけません。2は1に戻ることができるのです。

2 ヘキサトリエンの閉環反応

鎖状化合物が環状化合物に変化する反応を一般に閉環反応といいます。上と全く同じタイプの閉環反応が鎖状化合物ヘキサトリエン（6）に起こったとしましょう。

すると（6）のC_1、C_6がsp^3混成になってσ結合をし、同時にπ結合（二重結合）の位置は移動して環状化合物のシクロヘキサジエン（7）になります。もちろん、上の例と同じように（7）は（6）に戻ることができ、相互変換が起こっています。このような異性現象を一般に結合異性といいます（図2）。

第 8 章 結合の変化

図1 ブタジエンとシクロブテンの相互変換

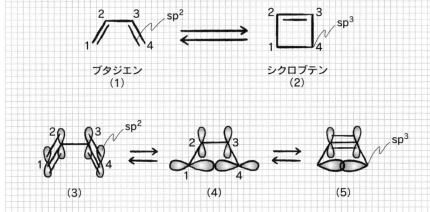

図2 ヘキサトリエンの閉環反応

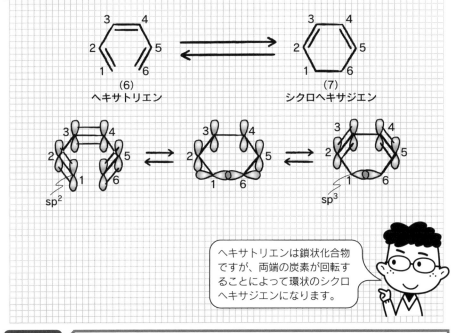

> ヘキサトリエンは鎖状化合物ですが、両端の炭素が回転することによって環状のシクロヘキサジエンになります。

- 共役二重結合の両端の炭素の p 軌道は回転すると σ 結合となる。
- この反応は鎖状共役化合物が環状化合物に変化する反応である。
- この反応で sp²炭素は sp³炭素に変化している。

8-6 環状化合物における σ-π 相互変化

前節で見た σ 結合と π 結合の相互変換が環状化合物で起こると、おもしろい現象が起こります。化合物 A で相互変換が起こると、また A に戻るのです。

1 三員環の開裂と生成

前節で見たのと同じ σ・π 相互変換が化合物 A で起こったとしましょう。A に前節の化合物 6 に合わせた番号をつけました。6 では σ 結合になっている個所が、A では三員環になっています。A で σ・π 相互変換を起こすと B になります。三員環が消えて全体が七員環になっています。

次に化合物 C に同じ相互変換を起こさせます。すると D となります。C と D を比較してください。まったく同じ化合物です。要するにひっくり返せば同じです。しかし、C の炭素 a を同位体 ^{13}C にしておけば、C と D は異なる化合物ということがわかります。

このような相互変換が非常に速く起こると、この化合物における炭素、C_1、C_3、C_4、C_6 は区別がつかないことになってしまいます。化合物 C、D では実際にこのような現象が起こることが実験的に観察されています。

このような異性現象を一般に結合異性といいます。

2 立体化合物における結合異性

結合異性が立体化合物(ケージ状化合物)で起こるとおもしろいことになります。ケージ状化合物 E は化合物 C の炭素 C_a と C_b を結合したものです。E で結合異性が起こると F となります。E と同じ化合物です。

この化合物では 4 個の炭素は同じ、すなわち $C_1 = C_3 = C_4 = C_6$ は同じであり、そのほかにも形の対称性を考えると $C_2 = C_5$ であり、$C_a = C_b$ であることがわかります。つまり、この化合物は 8 個の炭素からできていますが、炭素の種類は 3 種類しかないことがわかるのです。

結合異性を究極まで追い求めたのが化合物 G です。この化合物は図 1 に示したような結合異性があらゆる炭素上で起こります。その結果、全ての炭素が同一種類になってしまうのです。この化合物はブルバレンとよばれて実際に合成され、理論通りの性質を示すことが実験的に確認されています。

第 8 章　結合の変化

図1　結合異性

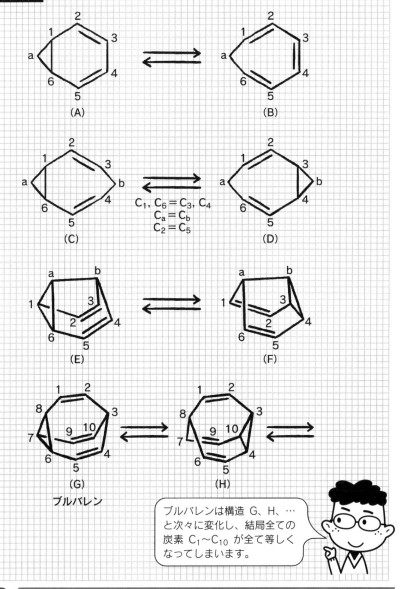

(A) ⇌ (B)

$C_1, C_6 = C_3, C_4$
$C_a = C_b$
$C_2 = C_5$

(C) ⇌ (D)

(E) ⇌ (F)

(G) ⇌ (H)

ブルバレン

ブルバレンは構造 G、H、… と次々に変化し、結局全ての炭素 C_1〜C_{10} が全て等しくなってしまいます。

ポイント
- 環状化合物で σ・π 相互変換が起こると、出発物質と生成物が同じ構造という現象が起こる。
- ブルバレンでは全ての炭素が同一種類であることが確認されている。

第9章
分子軌道法

分子軌道法は分子の性質を定量的に解析できる手段です。分子軌道計算を正確に計算することは、コンピュータなしでは不可能です。しかし、定性的な知見なら、極めて簡単な作図と類推で得ることができます。

分子軌道法とは

第1章で見たように量子化学では電子の波動性に着目して、電子の挙動を波動関数で表します。しかし、この取り扱いは難解です。そこで簡便な方法が考案されました。その一つが分子軌道法です。

1 分子軌道法とは

　量子力学、その応用である量子化学は、分子を構成する粒子、すなわち、全ての原子、全ての電子の挙動を明らかにしようというトンデモナイ理論です。

　計算機の存在しなかった20世紀前半、このようなことを実際に行うことは不可能でした。そこでいろいろな近似計算法が考案されました。その一つが分子軌道法でした。

　先に水素分子の結合で、2個の水素原子の1s軌道（原子軌道）が重なって新しく2個の原子核を囲む新しい軌道、分子軌道ができることを見ました。分子軌道はMolecular Orbital ということで、MO ともいわれます。分子軌道法は、このような分子軌道を数学的な解析によって解き明かし、分子軌道のエネルギーと形、およびそれを用いた結合状態、さらには分子の性質、反応性までをも明らかにしようという壮大な計画です。

2 分子軌道法にできること

　このような計画は量子力学が現れた20世紀初頭から計画されました。しかし、量子力学、さらにそれを現実の事象に応用する量子化学では計算量が膨大になり、現実的な問題になりませんでした。

　しかし、現代のコンピュータの想像を絶する進歩のおかげで、分子軌道法のこの目論見はほぼ成功裏に推移しています。そして、いまは応用の段階に入っています（図1）。

　分子軌道法が明らかにするのは分子軌道の波動関数 ψ（プサイ）です。これがわかればその軌道のエネルギー E がわかり、ψ と E さえわかれば、分子の全て、すなわち分子を構成する電子の全ての挙動がわかることになります（図2）。ということは、分子の性質、反応まで分子軌道計算によって明らかになるのです。

　といっても夢のような話です。実際にその一部を実感して納得しましょう。

第9章　分子軌道法

図1　コンピュータの発展

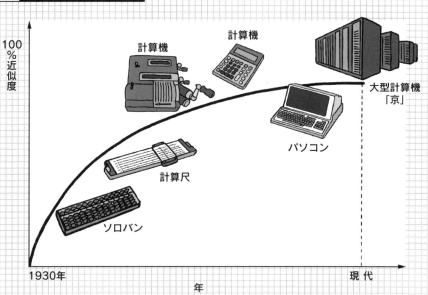

図2　分子軌道法

ψ は？
E は？

ψ と E を求めるためには
$H\psi = E\psi$ を解かなければならない

分子を構成する電子の挙動は波動関数 ψ で表されます。これを使ってシュレディンガー方程式 $H\psi = E\psi$ を解くと電子のエネルギー E が求まるのです。

- 分子軌道法は量子力学的計算で分子の挙動を明らかにする際の近似法の一つである。
- 分子の波動関数とエネルギーがわかれば分子の挙動は明らかになる。

9-2 結合性軌道と反結合性軌道

反結合性軌道の導入は分子軌道法の最大の功績です。それでは分子の何処に反結合性軌道があるのだ？と聞かれても困ります。そのように考えると実験事実が合理的に説明できるということです。

1 原子間距離とエネルギー

図1は2個の水素原子が近づいたとき、系のエネルギーEがどのように変化するかを表したものです。原子間距離rが離れているとき（$r=\infty$）を基準（$E=\alpha$）とします。

曲線aを見てください。距離が近づくにつれてエネルギーは低下して安定化します。これは分子ができつつあることに対応します。そして距離が結合距離r_0に達したときもっとも低エネルギー（$E=\alpha+\beta$）となります。（エネルギーはαもβもマイナスにとってあります。ですから$\alpha+\beta$はそれだけマイナスに大きくなる、つまりグラフの下方にいきます。）

しかし距離がさらに近づくと原子核間の反発が生じて、系は高エネルギーの不安定状態となります。

曲線bを見てください。この曲線はrが小さくなるにつれて上昇し続けます。そして結合距離r_0で$E=\alpha-\beta$となります。

2 結合性軌道と反結合性軌道

曲線aは結合性軌道のエネルギー変化を表したものです。一方、曲線bは反結合性軌道のエネルギー変化です。図からわかる通り、結合性軌道は系を安定化し、分子を作る方向、すなわち結合を生成する方向に働きます。それに対して反結合性軌道は系を不安定化して分子を壊す方向、すなわち結合を切断する方向に働きます。

図2は原子軌道と結合性軌道、反結合性軌道の関係を端的に表したものです。これは$E=\alpha$の二つの水素の原子軌道ϕ_1（ファイ）とϕ_2が相互作用して、二つの分子軌道、すなわち、結合性軌道ψ_1（プサイ）と反結合性軌道ψ_2が生じたことを表しています。（一般に記号ϕは原子軌道関数を表し、ψは分子軌道関数を表します。）分子軌道のエネルギーは結合生成時、すなわち$r=r_0$の時のものを採用します。

ここでは2個の原子軌道から2個の分子軌道が生成しましたが、一般にn個の原子軌道が相関するとn個の分子軌道が発生します。

第 9 章 分子軌道法

図1 2個の水素原子の距離とエネルギー

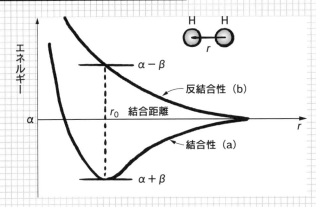

図2 結合性軌道と反結合性軌道

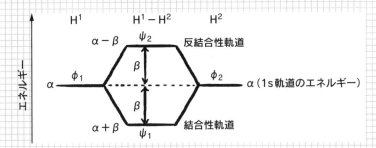

エネルギー $E=\alpha$ の2個の軌道 ϕ_1 と ϕ_2 が結合（相互作用）すると、$E=\alpha+\beta$ の結合性分子軌道と $E=\alpha-\beta$ の反結合性分子軌道が生成します。

- 分子軌道には結合性と反結合性がある。
- 結合性軌道は結合を生成し、反結合性軌道は結合を切断する。
- n 個の原子軌道が相関すると n 個の分子軌道が発生する。

9-3 電子配置と結合エネルギー

分子軌道ができると、原子の電子は分子軌道に移動します。原子軌道より分子軌道のエネルギーが低いと、この電子の移動によって系は安定化します。これが結合エネルギーの源です。

1 分子軌道の電子配置

前節で、$E=\alpha$の原子軌道2個が相互作用（相関）して、エネルギーの低い結合性軌道とエネルギーの高い反結合性軌道の2個の分子軌道ができることを見ました。分子軌道ができたら、原子軌道の電子は分子軌道に移動します。

電子が分子軌道に入るときには守らなければならない約束があります。それは先に見た原子軌道の場合と同じです。念のために確認すると、

①エネルギーの低い軌道から入る、②2個の電子が入るときにはスピンを逆にする、③2個以上の電子は入れない、④できるだけ電子の向きを揃える、というものです。

2 水素分子の結合エネルギー

図1は前節の軌道相関図に電子を入れたものです。水素原子状態では原子軌道に1個ずつの電子が入っています。水素の分子軌道ができたら、この2個の電子は①、②にしたがって結合性軌道に入ります。

原子状態では2個の電子エネルギーの合計は$E_{原子}=2\alpha$です。一方、分子状態では$E_{分子}=2\alpha+2\beta$です。つまり、水素原子が結合して水素分子になった方が$\Delta E=2\beta$だけ安定化したのです。これが水素分子の結合エネルギーです。分子軌道法では結合エネルギーはβ単位で表されます。

3 ヘリウム分子の結合エネルギー

ヘリウム原子Heは分子He_2を作りません。しかし、もし作ったとしたら、その軌道相関図は水素の場合とほぼ同じになります。違いは電子数です。ヘリウム原子は2個の電子を持っています。その結果、分子状態では結合性軌道だけでは入りきらず、反結合性軌道にも入ってしまいます。

つまり$E_{原子}=4\alpha$、$E_{分子}=2(\alpha+\beta)+2(\alpha-\beta)=4\alpha$、となり$\Delta E=0$となります。これでは結合エネルギーがありません。ということで、ヘリウムは分子を作ることができないのです。この説明の単純明快さが分子軌道法の魅力です（図2）。

第 9 章 分子軌道法

図1　水素分子の結合

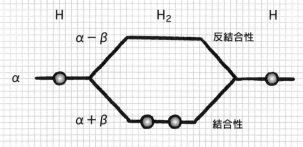

結合後　$E = 2(\alpha + \beta)$
結合前　$E = 2\alpha$
────────────────────
$\Delta E = 2\beta$ ：結合エネルギー

原子では電子は $E = \alpha$ の原子軌道（1s 軌道）に入っています。しかし、結合後は $E = \alpha + \beta$ の軌道に入ります。その結果、系（分子）は 2β だけ安定化します。これを結合エネルギーといいます。

図2　ヘリウム分子の結合

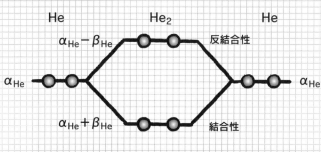

結合後　$E = 2(\alpha_{He} + \beta_{He}) + 2(\alpha_{He} - \beta_{He}) = 4\alpha_{He}$
結合前　$E = 4\alpha_{He}$
────────────────────
$\Delta E = 0$ （結合エネルギー＝0）

- 分子軌道には1個の軌道に2個までの電子が入ることができる。
- 分子軌道エネルギーと原子軌道エネルギーの差が結合エネルギー。
- 結合エネルギー＝0ならば分子はできない。

9-4 結合エネルギーと結合強度

結合エネルギーは結合強度の目安です。結合エネルギーが大きければ結合は強く、エネルギーが小さければ弱いです。これがわかれば仮想的な結合の強度を推定することができます。

1 H_2^+は存在できるか？

H_2^+は水素分子陽イオンです。要するに水素分子H_2から電子が1個放出されたものです。不安定ですが存在することが知られています。このイオンの結合エネルギーはどうなるのでしょう？分子軌道法を使えば、H_2^+が存在できることは説明できるのでしょうか？

図1はH_2^+の電子配置です。H_2^+ではH_2から電子が1個なくなったのですから、イオンが持っている電子は1個です。この電子は当然結合性軌道に入ります。その結果、結合エネルギーは$\Delta E = \beta$となります。

ここで重要なことは①結合エネルギーが発生している。②しかしH_2に比べて半分である。ということです。

この結果、次の推定ができます。①結合エネルギーがあるので、このイオンは存在できる。②しかし結合エネルギーがH_2より小さいので、H_2より不安定であり、結合距離もH_2より長い。

この推定はいずれも実験によって正しいことが証明されています。

2 H_2^-は存在できるか？

H_2^-は水素分子陰イオンであり、水素分子に1個の電子が加わったイオンです。したがって電子の総数は3個です。

図2はこのイオンの電子配置です。重要な点は、電子が結合性軌道だけでは入りきらず、反結合性軌道にも入っていることです。この結果、結合エネルギーは水素分子陽イオンの場合と同じように$\Delta E = \beta$となります。したがってこのイオンも存在可能性、性質はH_2^+の場合と同じようになります。

分子軌道法を使えば、分子の性質、強度、反応性を定量的に予言、推定することができます。ここで見た例は簡単な例ですが、大型のコンピュータを使って大量の計算を行えば、未知の分子の存在可能性、未知の化学反応の結果予測などが可能となります。これが計算化学といわれる研究分野なのです。

図1　H_2^+の電子配置

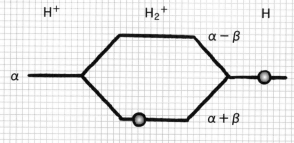

結合後　$E = \alpha + \beta$
結合前　$E = \alpha$
───────────────
$\Delta E = \beta$

図2　H_2^-の電子配置

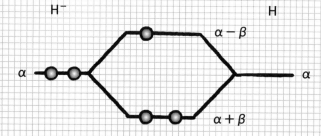

結合後　$E = 2(\alpha + \beta) + 2(\alpha - \beta) = 3\alpha + \beta$
結合前　$E = 3\alpha$
───────────────
$\Delta E = \beta$

結合エネルギーを計算すると H_2^+ も H_2^- も $\Delta E = \beta$ となります。この値は H_2 の半分です。したがって H_2^+、H_2^- はともに存在できるが H_2 よりは不安定ということが予想できます。

- 軌道相関図を用いれば未知イオンの結合エネルギーも計算できる
- 結合エネルギーによって、存在可能性、性質を推定できる。
- この手法を使えば、コンピュータで仮想実験ができる。

9-5 π結合のエネルギー

前節の結合エネルギーの計算法は、二重結合のπ結合に関しても有効です。特に共役二重結合の結合エネルギーは、非局在化エネルギーという新しい考えを生みます。

1 エチレンのπ結合エネルギー

二重結合はσ結合とπ結合からできており、互いに独立しています。したがって、それぞれの結合エネルギーも独立に求めることができます。

ここではπ結合エネルギーを求めてみましょう。基本的には前節の考えとまったく同じです。π結合は2個の2p軌道からできています。この軌道が相互作用して結合性のπ結合と反結合性のπ結合ができます。したがって軌道相関図はHの場合と同じです。ただし、Hでは基準エネルギーαはHの1s軌道エネルギーでしたが、今回はCの2p軌道エネルギーになります。またβの値もHの場合とは異なりますが、これらはただの読み替えだけの話です。

ということで、簡単にいえば、π結合の結合エネルギーも2βで表されるのです（図1）。

2 ブタジエンのπ結合エネルギー

分子軌道法が威力を発揮するのは共役二重結合のエネルギーや性質に関係するものです。

共役化合物であるブタジエンのπ結合は、4個のsp²混成軌道炭素からなる分子全体に広がる非局在π結合です。このπ結合は4個のp軌道からできています。したがって、分子軌道も図2に示したように4個できます。基準値αより低い2個の軌道は共に結合性軌道であり、αより高い2個の軌道は反結合性です。

ヘキサトリエンは6個のp軌道からなる共役系です。したがって分子軌道も6個できます。

一般に分子軌道のエネルギーは、たとえ何個の炭素からできていようと、その最低値は$\alpha+2\beta$、最高値葉$\alpha-2\beta$であることが知られています。つまり上下4βのエネルギー幅の中に全ての分子軌道が収まるのです。したがって、共役系が長くなるにつれて、分子軌道間のエネルギー間隔は狭くなることになります。

第9章 分子軌道法

図1　エチレンのπ結合エネルギー

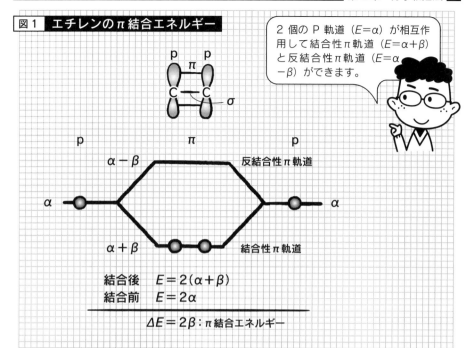

2個のP軌道（$E=\alpha$）が相互作用して結合性π軌道（$E=\alpha+\beta$）と反結合性π軌道（$E=\alpha-\beta$）ができます。

結合後　$E=2(\alpha+\beta)$
結合前　$E=2\alpha$

$\Delta E=2\beta$：π結合エネルギー

図2　ブタジエンのπ結合

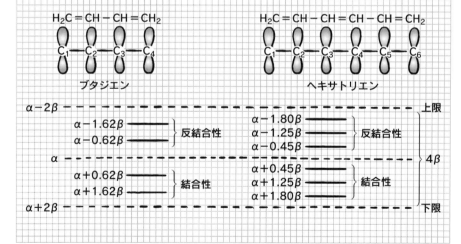

- 二重結合のエネルギーはσ結合とπ結合で分けることができる。
- エチレンのπ結合の軌道相関図は水素の場合と同様である。
- 共役系の分子軌道は$\alpha+2\beta$から$\alpha-2\beta$の幅4βの中に収まる。

9-6 共役二重結合の安定性

共役化合物は独特の反応性と独特の安定性を持ちます。その安定性を計る目安が非局在化エネルギーです。非局在化エネルギーの大きい方が安定ということです。

1 ブタジエンのπ結合性エネルギー

ブタジエンのπ結合を構成する電子、π電子は4個ですから、これを前節で見た2個の結合性軌道に入れて結合エネルギーを計算すると4.48βとなります。

ところで、もしブタジエンのπ結合が非局在化していなかったとしたらどうなるでしょう？その場合の結合状態は図Bです。非局在化状態の図Aと比較してください。図Bのブタジエンのπ結合はC_1–C_2とC_3–C_4間のみでC_2–C_3間には存在しません（図1）。

これはエチレンのπ結合、すなわち局在π結合が2個独立に並んだのと同じです。当然の帰結として、この場合の分子軌道のエネルギー関係はエチレンと同じになります。この結果、局在状態とした場合の結合エネルギーはエチレンの結合エネルギー-2βの倍、すなわち4βとなります。

2 非局在化エネルギー

非局在状態のブタジエンのπ結合エネルギーは4.48β、局在状態では4β。これは何を意味するのでしょう。これは局在状態より非局在状態の方が0.48βだけ低エネルギーで安定であるということです。分子はできるだけ低エネルギー状態になって安定化しようとします（図2）。

つまり、ブタジエンは局在化状態でいることはなく、常に非局在化状態になっていることを意味します。これはブタジエンに限らず、全ての共役系にいえることです。非局在化になることのできる化合物は、一部の例外を除いて常に非局在化状態になっているのです。

3 非局在化エネルギー

非局在化状態の結合エネルギー$\Delta E_{非局在}$と局在化状態の結合エネルギー$\Delta E_{局在}$の差を非局在化エネルギーDEといいます。ブタジエンならば0.48βです。この値が大きい化合物ほど、安定な化合物とみなしてよいことになります。

図1 ブタジエンの結合状態

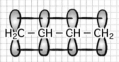

A
非局在化状態

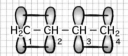

B
局在化状態

$\alpha+0.62\beta$ ———
$\alpha+1.62\beta$ ———
α - - - - - - - - - - - - - - - -
$\alpha+0.62\beta$ ↑↓
$\alpha+1.62\beta$ ↑↓

$\alpha-\beta$ ———　　———
- - - - - - - - - - - - - - - -
$\alpha+\beta$ ↑↓　　

結合後　$E = 2(\alpha+1.62\beta)+2(0.62\beta)$
結合前　$E = 4\alpha$

$\Delta E = 4.48\beta$

結合後　$E = 4(\alpha+\beta) = 4\alpha+4\beta$
結合前　$E = 4\alpha$

$\Delta E = 4\beta$

図2 非局在化エネルギー

結合エネルギーの差

$\Delta E_{非局在化} = 4.48\beta - 4\beta = 0.48\beta$

非局在化エネルギー $DE = 0.48\beta$

非局在化状態（実際の状態）と局在化状態（仮想的な状態）の差を非局在化エネルギー DE といいます DE の大きい方が安定です。

- 非局在状態と局在状態では結合エネルギーに差がある。
- 両者の差を非局在化エネルギーという。
- 分子は結合エネルギーの大きい非局在状態になろうとする。

9-7 分子軌道と化学反応

二重結合は回転できません。その結果シス体、トランス体という異性体が発生します。しかしこれらに紫外線を照射すると互いに異性化、すなわちシス体⇌トランス体という変化が起こります。

1 光化学反応

　分子は光と感応することによって独特の反応を行います。このような反応を一般に光化学反応といいます。光が熱と同じように分子に反応を起こさせることができるのは光がエネルギー、つまり光エネルギーを持っているからです。

　エチレンではπ結合分子軌道の結合性軌道と反結合軌道の間のエネルギー差、$\Delta E = 2\beta$はほぼ紫外線のエネルギーに相当します。つまり、エチレンに紫外線を照射すると、結合性軌道の電子が紫外線エネルギーΔEを吸収します。その結果、電子はΔEを使って高エネルギー順位、つまり反結合性軌道に移動します。電子がエネルギー順位間を移動することを遷移といいます。

　その結果、エチレンは結合性軌道と反結合性軌道に1個ずつの電子を持った高エネルギーの不安定状態となります。このような高エネルギー状態を一般に励起状態と言います。それに対して紫外線を吸収する前の低エネルギー安定状態を基底状態といいます。

2 励起状態の結合エネルギー

　励起状態の結合エネルギーを見てみましょう。結合性軌道にいる電子のエネルギーは$E = \alpha + \beta$であり、反結合性軌道にいる方は$E = \alpha - \beta$です。したがって結合エネルギーは$\Delta E = (\alpha + \beta) + (\alpha - \beta) = 2\alpha$ということで、相殺されて0となります(図2)。

　すなわち、励起状態ではπ結合エネルギーが0、つまりπ結合は実質的に存在しないのです。ということは実効を持った結合はσ結合だけということになります。つまり励起状態では、二重結合は実質的に一重結合であり、回転できるのです。これが光照射下ではシス・トランスの異性化が起こることの理論的な理由です。

　熱エネルギーは小さいので電子遷移を起こすことはできません。そのため、熱反応ではシス・トランス異性は起きないのです。

第9章　分子軌道法

図1　光化学反応（シス体⇌トランス体変化）

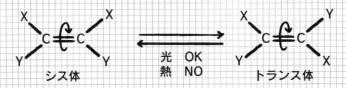

図2　励起状態の結合エネルギー

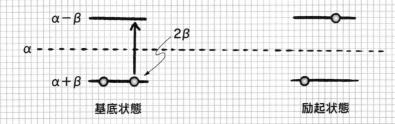

励起状態のエネルギー
$$E_{励起状態} = (\alpha - \beta) + (\alpha + \beta) = 2\alpha$$

原子状態のエネルギー
$$E_{結合前} = 2\alpha$$

$$\varDelta E = 0 \text{（結合エネルギー＝0）}$$

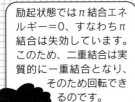

励起状態ではπ結合エネルギー＝0、すなわちπ結合は失効しています。このため、二重結合は実質的に一重結合となり、そのため回転できるのです。

ポイント
- 結合性軌道の電子は光エネルギーによって反結合性軌道に遷移する。
- 電子遷移の結果、二重結合のうちπ結合エネルギーが消失する。
- 二重結合はσ結合だけになって回転可能となる。

129

第10章
分子間力と超分子

複数個の分子が分子間力によって結合した高次構造体を超分子といいます。生体には分子膜、酵素、DNA など、超分子がたくさんあります。産業や科学技術の開発に役立てようと盛んに研究が進められています。

分子間力

結合は原子間に働くものだけではありません。分子間に働く結合を分子間力といいます。水素結合が有名です。分子は分子間力で結合して高分子を作ります。DNAが有名です。

1 ファンデルワールス力

　水素結合は以前に見ましたから、ここではそれ以外の主な分子間力を見てみましょう。水素結合は極性を持った結合のプラス部分とマイナス部分に働く静電引力の一種です。

　それに対してファンデルワールス力は電気的に中性な分子の間に働く引力として知られています。ファンデルワールス力は複雑で、少なくとも三種の力の複合力ですが、ここでは電気的に中性な原子、分子間に働く引力として有名な分散力を見てみましょう。簡単のため、原子で説明します。

　電子雲は雲のように揺らぎ、漂います。原子核が雲の中心にいるときは、原子はどの部分も電気的に中性です。しかし電子雲が揺らぐと原子核は中心から移動します。するとマイナス電荷の中心と原子核の位置がずれ、原子にプラスの部分とマイナスの部分が生じます。すると隣の原子の電子雲が影響を受け、部分電荷が生じます。この結果、この二原子は静電引力で引き合うことになります（図1）。

　このように分散力は現れては消える泡のような力ですが、膨大な個数からなる原子集団全体では大きな力となります。

2 疎水性相互作用

　エタノールのように水に溶ける分子を親水性分子、反対に石油のように水に溶けない分子を疎水性分子といいます。親水性分子を水に混ぜると、分子は一分子ずつバラバラになり、周りを水分子で囲まれます。この状態を溶媒和状態といい、化学的に溶けるとはこの状態をいいます。

　しかし石油を水に混ぜても分子は一分子ずつバラバラになろうとはしません。多くの分子が集合して油滴となって水中に分散します。

　この集合力は満員電車のオシクラ饅頭のようなもので、水によって押しつけられたものですが、これを、油分子同士の間の引力と考えて、疎水性相互作用といいます。

図1 ファンデルワールス力を原子で説明すると…

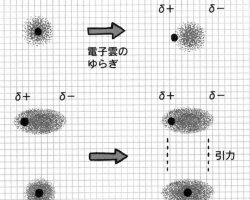

図2 疎水性分子と相互作用

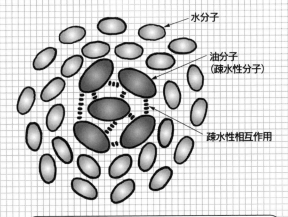

分子間力は最強の水素結合でも共有結合の 1/10 以下と弱いものです。しかし、生体の細胞膜、タンパク質、酵素さらには DNA を構成する力であり、非常に重要なものです。

ポイント
- 水素結合は分子の極性に基づく静電引力である。
- ファンデルワールス力は電気的に中性な分子間に働く。
- 疎水性相互作用は疎水性分子を水中に入れた場合に働く。

10-2 結晶の格子間力

水酸化ナトリウム NaOH の固体を水に溶かすと発熱しますが、硝酸ナトリウム $NaNO_3$ の固体を水に溶かすと冷たくなります。この違いはなぜ生じるのでしょう。

1 溶解と溶媒和

結晶は分子が三次元に渡って整然と積み重ねられた状態です。結晶が水に溶けるというのは結晶が壊れて分子が一分子ずつバラバラになり、周りを水分子で囲まれるということです（図1）。これを一般に溶媒和、溶媒が水の場合には特に水和といいます。

2 溶解の段階エネルギー

結晶中では分子が緊密に並んでいます。したがって分子間にはファンデルワールス力等の分子間力が働いています。分子間力は結合力ですから、結晶状態は、分子がバラバラになっている状態より $\Delta E_{結晶}$ だけ安定な状態です。この $\Delta E_{結晶}$ が分子間力です。

結晶が水に溶けてバラバラになるということは、この分子間力を切断することを意味します。分子間力を切断するためには、少なくとも分子間力 $\Delta E_{結晶}$ より大きな力を必要とします。そのためには外界から $\Delta E_{結晶}$ だけのエネルギーを吸収しなければなりません。このような反応を吸熱反応といいます。

しかし溶媒和状態では溶質分子と溶媒分子の間に水素結合、ファンデルワールス力、あるいは疎水性相互作用が生成します。これらは分子間力ですから、系を安定化させるものです。このエネルギーを $\Delta E_{溶媒和}$ としましょう。この反応は外界に熱をエネルギーを放出する反応なので、発熱反応といわれます。

3 溶解の全体エネルギー

結晶の溶解は結晶破壊と溶媒和生成という二つの段階からなる複合反応です。したがって、結晶の溶解に関するエネルギー変化はこの二つの段階のエネルギー変化の和ということになります。

$\Delta E_{結晶}$ と $\Delta E_{溶媒和}$ の絶対値を比較して、$\Delta E_{結晶}$ の方が大きければ全体も吸熱反応となって系は冷えることになります。反対に $\Delta E_{溶媒和}$ の方が大きければ、全体は発熱反応となって系は熱くなります。

第10章 分子間力と超分子

図1 溶媒和

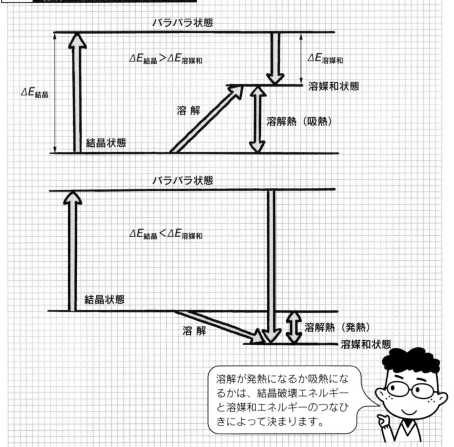

図2 溶解の吸熱反応と発熱反応

> 溶解が発熱になるか吸熱になるかは、結晶破壊エネルギーと溶媒和エネルギーのつなひきによって決まります。

- 結晶の溶解は結晶の分子間力を切断し、溶媒との間に溶媒和に基づく分子間力を生成することである。
- 結晶の溶解熱は上のエネルギーの兼ね合いで決まる。

10-3 簡単な構造の超分子

分子が分子間力で結合したものを超分子といいます。超分子には分子集団全体が巨大分子と考えられるものと、数個の分子からできた構造体と考えられるものがあります。

1 氷

分子集団全体が結合した超分子には次節で見る分子膜などがありますが、身近なものとして水、あるいはその結晶である氷があります。

図1は氷の単結晶X線解析図のステレオ図です。酸素と酸素の間に水素が2個あるのは、O-H結合距離がこの間を伸縮振動していることを表しています。氷がこのような整然とした結晶構造をとるのは、先に見たように水の酸素原子がsp^3混成状態であり、水素結合が非共有電子対と隣分子のHとの間にできることによるものです。

この結晶構造は、sp^3炭素のσ結合によってできたダイヤモンドの結晶と同じです。

2 安息香酸二量体

図2-(A)は二分子の安息香酸からできた二量体です。二分子のカルボキシル基COOHの間で水素結合が2か所でき、強固な分子間力で結ばれています。この二量体構造はベンゼンなどの溶液中でも保持され、安息香酸はあたかも二量体が一分子のように挙動しています。しかし極性溶媒中では解離して一分子になり、分子としての真の単位は単量体であることを示しています。

3 安息香酸六量体

(B)は6個の安息香酸誘導体からできた超分子です。各分子にカルボキシル基が2か所にあり、その角度が120度になっていることから、6分子でちょうど巨大環構造を作ることができます。

4 安息香酸多量体

(C)は上の例と同じようにカルボキシル基を2か所に持った安息香酸誘導体の作る超分子です。ただし今度は2個のカルボキシル基の間の角度180度です。そのため、分子は水素結合によって延々と繋がり、長大なリボン構造となります。

第10章 分子間力と超分子

図1　氷の単結晶

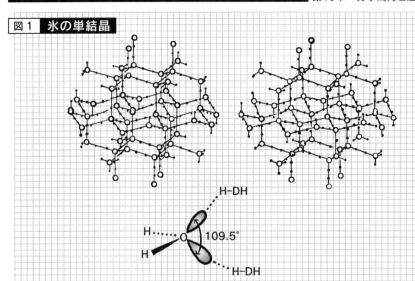

〔出典：笹田義夫、大橋祐二、斎藤喜彦編、結晶の分子科学入門、p.100、図3.19、講談社（1989）〕

図2　安息香酸の構造体

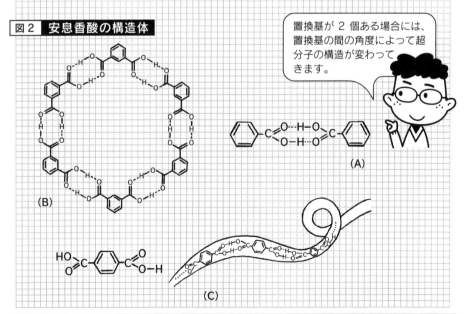

置換基が2個ある場合には、置換基の間の角度によって超分子の構造が変わってきます。

- 分子が分子間力で結合してできた構造体を超分子という。
- 氷は多数個の水分子が水素結合で結合した巨大分子である。
- 安息香酸誘導体の超分子は、置換基の角度によって構造を変える。

137

10-4 分子膜

超分子構造の分子集合体として重要なのが分子膜です。分子膜はシャボン玉や細胞膜として、私たちと切り離せない関係にあります。分子膜とはどのような膜なのでしょう。

1 分子膜

　分子には水に溶ける親水性のものと、水に溶けない疎水性のものがあります。ところが、分子には一分子の中に親水性の部分と疎水性の部分とを併せ持つものがあります。このような分子を両親媒性分子といいます（図1）。洗剤など、界面活性剤の分子が典型です。

　両親媒性分子を水に溶かすと親水性部分は水に溶けて水中に入りますが、疎水性部分は水に入りません。その結果、分子は水面に逆立ちをしたような形で浮きます。濃度を高めると、水面はこのような逆立ち分子でビッシリと覆われます。この状態はまるで分子の膜で覆われたように見えることから、この分子集合体を分子膜といいます。

　分子膜において分子を集合させている力は、ファンデルワールス力と疎水性相互作用です。

2 ミセル

　両親媒性分子の濃度をさらに高めると、水面に留まることのできなくなった分子はしかたなく水中に入ります。しかしそれでも疎水性部分は水に触れるのを嫌がります。その結果、分子は集団を作って、親水性部分を外側に、疎水性部分を内側に向けます。このようにすると、疎水性部分が水に触れるのを避けることができるからです。このような分子集団をミセルといいます（図2）。

　ミセルは大きくなると袋状になります。ただし袋の中に入るのは水ですから、こうなったら疎水部分が水に接するのは仕方のないことになります。

3 シャボン玉と分子膜

　分子膜は重なることもできます。2枚重ねの膜を二分子膜といいます。シャボン玉は二分子膜でできた袋の中に空気（息）が入ったものです。細胞膜はリン脂質という両親媒性分子からできた二分子膜です。ただしシャボン玉と違い、疎水性部分を接して重なっています（図3）。

第10章 分子間力と超分子

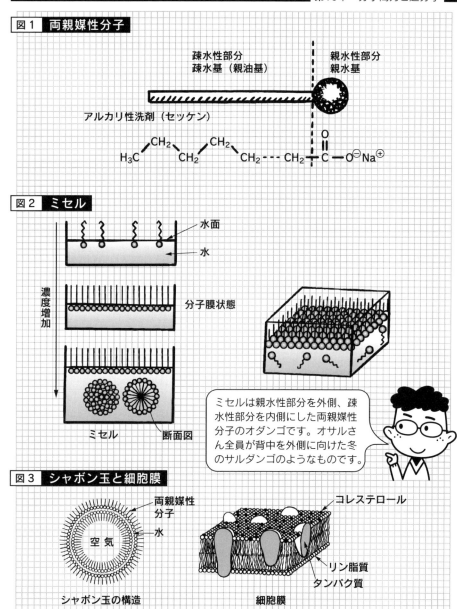

- 親水部分と疎水部分を併せ持つ分子を両親媒性分子という。
- 両親媒性分子でできた膜を分子膜、重なった膜を二分子膜という。
- シャボン玉や細胞膜は二分子膜でできている。

10-5 生体中の超分子

超分子は珍しい例と思うかもしれませんが、それは間違いです。これまでは超分子と思われていなかっただけです。その証拠に生体は超分子の宝庫なのです。

1 DNA

　生体の遺伝を司るのは核酸の一種、DNAです。DNAが二重ラセン構造というのはよく知られています。同時にDNAが記号でATGCで表される4種の塩基（単位分子）からできた天然高分子であることも知られています。

　高分子であるDNAが二重ラセン構造をとっているというのはどういうことなのでしょうか？実は二重ラセン構造を取っているDNAは2本のDNA高分子からできているのです。

　この問題をわかりやすく説明するのに良い例になるのが人形焼です。お煎餅でも構いません。人形焼は型の中に種を入れると、その形の人形焼ができます。DNAの二重ラセンは2本の異なるDNA分子からできています。この2本の分子は人形焼の型と製品の関係になっています。

　そして、型の分子と製品の分子とが水素結合で完璧に結合しているのです。

2 酵素複合体

　酵素は生体中で進行する化学反応、生化学反応を推進する物質です。しかし酵素はどの反応でも推進するわけではなく、特定の酵素は特定の反応だけしか推進しません。その関係は鍵と鍵穴の関係にたとえられます。

　つまり、酵素Eが出発物質（基質）Sと特異的に反応して複合体SEを作ります。このSEがSの次の反応のために都合よくアレンジされたものであり、ここでSは生成物Pに変化して、複合体はPEになります。するとこの状態でPとEは分離し、Eはまた新たなSと複合体を作るのです（図2）。

　問題は複合体ESの構造です。その例を図3に示しました。酵素EとSとの間に水素結合ができています。そしてEとSは構造的にまさしく水素結合がピッタリ合うようにできているのです。これが鍵と鍵穴の関係であり、この複合体が超分子であることの証明になります。

第10章 分子間力と超分子

図1 DNA

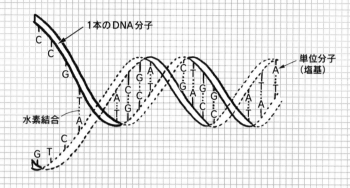

図2 酵素複合体

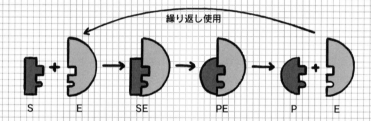

図3 酵素複合体の構造

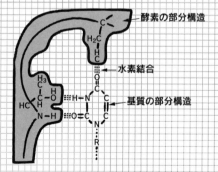

基質と酵素は三ヶ所で水素結合を作っています。このようにちょうどよい位置で水素結合ができるためには基質と酵素の間に特別な整合性が必要となります。それが一般にカギとカギアナの関係といわれるものなので

中束美明、生命の科学、p.75、図4-16B、培風館（1998）

- 生体は超分子の宝庫である。
- DNAは2本のDNA高分子鎖が作った超分子である。
- 酵素の「鍵と鍵穴の関係」は、水素結合のできやすさを表すものである。

10-6 一分子機械

人工的に合成した超分子で注目されているのは、産業的に有用なものと、分子で組み立てた極小の機械、一分子機械です。どのようなものか見てみましょう。

1 クラウンエーテル

　超分子研究の先駆けとなったもので、今となっては歴史的な意味もあります。クラウンというのは王冠の意味で、分子の形が王冠に似ていることからつけられました。CH_2–O–CH_2というエーテル単位を繋いで環状にしたものです（図1）。

　Oは電気的にマイナスになりやすいので、プラスの金属イオンM^{n+}はこの環の中にすっぽりとはまり込みます。いろいろの金属イオンがあると、環サイズに合った大きさのM^{n+}が優先的にはまります。すなわち、これを利用すれば有用な特定金属だけ取り出すことができるのです。海水中には大量のウランが溶けています。クラウンエーテルを用いればこのウランを取り出すことも可能になります。

2 分子自動車

　図2の分子は実際に合成されたものです。自動車のシャーシーを模しています。車輪に相当するところはフラーレンというサッカーボール型のC_{60}の球状分子です。分子が移動するときに、分子が滑るのでなく、車輪が回転することによって移動したものならば、その移動方向は分子の短軸方向になるはずです。

　この分子を金の板の上に置いて分子を移動させた時の軌跡を図の右に示しました。確かに短軸方向に動いています。しかも方向転換するときには分子の向きを変えて移動していることがわかります。これは分子は平面を滑って移動したのではなく、車輪を転がして移動したことを示すものです。

　これは動力を持っていないので自動車とはいえませんが、昔のリヤカー程度のものということはできるでしょう。最近では分子の一部分が光や熱エネルギーを利用して回転する一分子モータも開発されています。このような分子を組み込めば一分子自動車も夢ではないでしょう。

第10章 分子間力と超分子

図1　クラウンエーテル

12-クラウン-4

15-クラウン-5

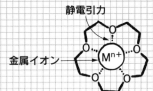
静電引力
金属イオン

図2　分子自動車

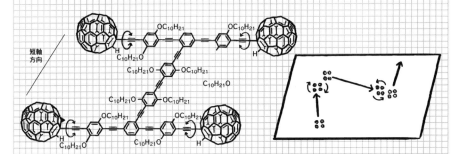

短軸方向

(Y. Shirai, A. J. Osgood, Y. Zhao, K. F. Kelly, J. M. Tour, *Nano Lett.*, 5, 2330 (2005) をもとに作成.)

一分子モータが開発されていますから、この一分子シャーシーには一分子モータを結合すれば、一分子自動車の完成ということになるでしょう。

ポイント

- ●超分子は人工的に合成できる。
- ●クラウンエーテルを用いると海水から特定の金属を単離できる。
- ●1個の分子で機械の働きをする一分子機械も可能である。

143

〔参考文献〕

「化学結合論」L. Pauling 著、小泉正夫訳、共立出版（1962）
「化学結合と分子の構造」三吉克彦、講談社サイエンティフィク（2006）
「構造有機化学」齋藤勝裕、三共出版（1999）
「絶対わかる化学結合」齋藤勝裕、講談社サイエンティフィク（2003）
「有機構造化学」齋藤勝裕、東京化学同人（2010）
「有機分子構造とその決定法」齋藤勝裕、裳華房（2010）
「わかる化学結合」齋藤勝裕、培風館（2014）

【著者紹介】

齋藤　勝裕（さいとう　かつひろ）
1945年生まれ。1974年東北大学大学院理学研究科化学専攻博士課程修了。
現在は愛知学院大学客員教授、中京大学非常勤講師、名古屋工業大学名誉教授などを兼務。
理学博士。専門分野は有機化学、物理化学、光化学、超分子化学。
著書は「絶対わかる化学シリーズ」全18冊(講談社)、
「わかる化学シリーズ」全14冊(オーム社)、『レアメタルのふしぎ』『マンガでわかる有機化学』『マンガでわかる元素118』(以上、SBクリエイティブ)、
『生きて動いている「化学」がわかる』『元素がわかると化学がわかる』(ベレ出版)、
『すごい！iPS細胞』(日本実業出版社)など多数。

数学フリーの「化学結合」　　NDC 431.12
2016年9月23日　初版1刷発行　　（定価はカバーに表示してあります）

　　　　　Ⓒ　著　者　　齋藤　勝裕
　　　　　　　発行者　　井水　治博
　　　　　　　発行所　　日刊工業新聞社
　　　　　　　　　　　　〒103-8548
　　　　　　　　　　　　東京都中央区日本橋小網町14-1
　　　　　　　電　話　　書籍編集部　03（5644）7490
　　　　　　　　　　　　販売・管理部　03（5644）7410
　　　　　　　ＦＡＸ　　03（5644）7400
　　　　　　　振替口座　00190-2-186076
　　　　　　　ＵＲＬ　　http://pub.nikkan.co.jp/
　　　　　　　e-mail　　info@media.nikkan.co.jp
　　　　　　　印刷・製本　美研プリンティング㈱

落丁・乱丁本はお取り替えいたします。　　2016 Printied in Japan

ISBN978-4-526-07598-8　C3043

本書の無断複写は、著作権法上での例外を除き、禁じられています。